MCP工程实践

AI模型上下文协议与跨模型集成全攻略

宫祺 郝缙 著

化学工业出版社
·北京·

内容简介

《MCP 工程实践：AI 模型上下文协议与跨模型集成全攻略》是一本聚焦 AI 时代模型交互瓶颈与跨系统集成难题的专业指南，它系统地解析了模型上下文协议（MCP）的核心原理、技术架构与工程落地方法。

本书开篇直击 AI 模型的“上下文鸿沟”——浅层记忆局限、推理不透明性、位置偏置及专业领域盲区等问题，阐明 MCP 作为通用标准的诞生背景与核心价值；随后深入解析 MCP 的架构三元组（Host/Client/Server）、双向通信机制与沙箱安全模型，揭示其如何通过资源（感知数据库）、工具（操作手臂）、提示（任务剧本）三大能力，构建“耳聪目明且安全可控”的智能交互体系。

书中不仅对比了 MCP 与传统方案（如 OpenAI 函数调用、插件机制）的优劣，还通过开发环境配置、服务器 / 客户端构建、工具箱案例（如纳米 AI、字节 Trae 等）的完整流程演示，手把手指导读者从零搭建到可落地的跨模型集成系统。最后，针对安全风险（权限控制、数据加密、模型幻觉），提供了从开发阶段前置设计到运行时审计的全链路实践建议。

无论是 AI 工程师、系统架构师，还是希望突破模型交互限制的开发者，本书都能为其提供从理论到工程的一站式解决方案。

图书在版编目（CIP）数据

MCP工程实践 : AI模型上下文协议与跨模型集成全攻略 / 宫祺，郝缙著. -- 北京 : 化学工业出版社，2026. 2. -- ISBN 978-7-122-49445-0

Ⅰ. TP18

中国国家版本馆CIP数据核字第2025CC2427号

责任编辑：刘晓婷　　责任校对：宋　玮

出版发行：化学工业出版社（北京市东城区青年湖南街13号　邮政编码 100011）

印　　装：天津市银博印刷集团有限公司

710mm × 1000mm　1/16　印张14　字数400千字　2026年1月北京第1版第1次印刷

购书咨询：010-64518888　　售后服务：010-64518899

网　　址：http://www.cip.com.cn

凡购买本书，如有缺损质量问题，本社销售中心负责调换。

定　　价：79.00元　

前言

FOREWORD

在人工智能技术狂飙突进的今天，大语言模型（LLM）已从实验室走向千行百业，成为智能客服、内容创作、知识问答等场景的核心引擎。然而，当我们惊叹于模型能流畅对话、精准总结甚至编写代码时，一个长期困扰业界的难题却始终未解——模型的“认知边界”与“交互局限”。

想象这样的场景：当你向 AI 询问“公司今年第二季度的营收数据”时，它可能会给出泛泛的行业趋势分析，却无法直接调取本地表格里的具体数值；当你需要它辅助完成“设计一份电商促销方案”时，它或许能生成框架，却无法自动调用库存系统核对商品余量。模型常因对话窗口的上下文长度限制，忘记几分钟前用户提到的关键背景——这些问题的本质，是模型与外部世界的“连接断层”：它像一座孤岛，虽有强大的推理能力，却缺乏感知真实环境、调用专业工具、记忆长期信息的“感官”与“手脚”。

正是为了解决这一根本矛盾，模型上下文协议（Model Context Protocol, MCP）应运而生。作为专为 AI 交互设计的通用标准，MCP 的核心目标是将模型从“封闭的黑箱”转变为“开放的智能体”——它不仅能让模型“看见”外部数据（如本地文件、数据库、API 接口），更能赋予其“操作”这些资源的能力（如查询、修改、调用工具），同时通过严格的安全机制确保交互过程可控可信。如果说传统的大模型交互是“单向问答”，那么 MCP 驱动的交互则是“双向协作”：模型能主动感知环境变化，调用专业工具解决问题，并在安全的上下文中记住关键信息，真正实现从“被动响应”到“主动智能”的跨越。

本书围绕这一变革性技术，为读者提供了一份全面深入的实用指南。我们深知，技术的价值最终要回归工程实践，因此全书既注重理论脉络的梳理，更聚焦于“如何用 MCP 解决实际问题”的落地方法。从开篇对模型原生缺陷的剖析（如浅层记忆、推理黑箱、位置偏置等），到 MCP 作为通用标准的诞生逻辑与核心优势；从协议架构的底层解析（Host/Client/Server 三元组、双向通信机制、沙箱安全模型），到三大核心能力（资源感知、工具操作、提示增强）的具体实现；再到开发环境的搭建、服务器与客户端的代码实践，以及纳米 AI、字节 Trae 等真实工具的集成案例——每一部分都紧扣“让 MCP 从概念到可用系统”的目标，力求让读者不仅“知其然”，更能“知其所以然”“行其所能然”。

特别针对开发者最关心的安全与风险问题，本书设有专章讲解了权限控制、数据加密、模型幻觉抑制等关键环节，提供从开发阶段的前置设计（如最小权限原则）到运行时审计的全链路实践建议，帮助团队在拥抱 MCP 能力的同时，守住安全底线。

无论你是 AI 工程师、系统架构师，希望突破模型交互的技术瓶颈；还是产品经理、开发者，渴望为应用注入更智能的交互体验；抑或是技术研究者，关注智能体生态的未来演进——本书都将是你探索 MCP 世界的可靠伙伴。它不仅是一份技术手册，更是一把钥匙，帮你打开“模型与现实世界深度融合”的大门。

在 AI 从“能说”走向“会做”的关键转折点上，让我们以 MCP 为起点，共同构建更智能、更安全、更贴近人类的交互未来。

目录

CONTENTS

第1章 AI时代的上下文连接

人工智能的快速发展正深刻改变着社会的运行机制与商业格局。从智能客服、自动驾驶到金融决策，AI技术广泛而深入地融入了各类实际场景。然而，随着AI模型应用的逐步深入，一个核心问题日益凸显：AI模型在交互过程中如何高效地处理和利用上下文信息？这一问题被称为“上下文鸿沟”，已成为制约AI应用落地的关键瓶颈。

上下文鸿沟本质上体现为AI模型难以在实际应用场景中高效地捕获、存储与使用外部环境的背景信息，从而导致模型的决策精度下降，实际表现受限。例如，在企业办公场景下，AI助手需要明确地关联当前请求与先前的交互记录；在自动驾驶领域，车辆需快速、准确地调用以往的交通信息与驾驶经验，缺乏精准的上下文理解将严重影响模型的表现。而传统的对接方式，如同在每条轨道之间临时搭建人力传输的木桥，不仅结构脆弱，还极难维护。

针对这种现状，模型上下文协议（Model Context Protocol，简称MCP）作为标准化解决方案被提出。MCP通过定义统一的接口标准、数据格式以及交互规则，建立起模型与外部上下文之间的高效沟通机制。采用MCP标准后，AI模型能够便捷地访问与复用上下文信息，避免重复开发，实现更高效的部署和扩展。MCP的提出，不仅仅是一次技术革新，更代表着AI产业从分散式开发向标准化、规模化生态发展的重要转折。

1.1 AI 模型的“上下文鸿沟”

“上下文鸿沟”（Context Gap）是指大型语言模型（Large Language Models, LLM）在理解、保留和调用上下文信息时所面临的系统性缺陷。这一问题贯穿多个维度，具体表现在模型无法准确关联长时间跨度的内容、推理路径不透明、处理长文本时存在结构性偏差，以及在高复杂度任务中表现出专业理解的盲区。

本节将从四个角度阐述这一鸿沟的本质：浅层记忆局限、推理不透明性、位置偏置以及专业领域盲区。随后，我们还将分析这些结构性问题在实际应用中的深层影响。

1.1.1 浅层记忆局限

尽管当前的主流语言模型在处理上下文方面展现出令人瞩目的能力，但其本质上仍是一种“浅层记忆”系统。语言模型依赖固定长度的上下文窗口，例如 GPT-4 Turbo 支持最大 128k token 的输入，但这仅限于一次对话轮次中所能“看到”的片段。模型不会像人类一样形成长期记忆，也不能真正理解事件之间的因果结构。

为了缓解这一限制，研究者们提出了检索增强生成（Retrieval-Augmented Generation, RAG）机制，即在模型生成响应时引入外部知识库，通过语义检索补充缺失信息。然而，RAG 本质上仍是基于查询结果的“局部补丁”，并不能建立全局理解或动态更新的知识图谱。当历史上下文与当前任务脱节，或者检索未命中关键信息时，模型生成结果的可靠性将显著下降。

而且语言模型缺乏“心智模型（mental model）”的能力，即无法主动构建一个动态演化的事件链条或人物关系网络。这使得其在小说创作、客户服务、法律判例分析等需要长周期记忆的场景中表现出有限的连贯性和一致性。

1.1.2 推理不透明性

当前语言模型的决策过程深嵌于数以百亿计的参数中，采用分布式表示的方式对知识进行编码。这种架构虽然具备高度压缩与泛化能力，但也牺牲了推理的可解释性。

模型在面对一个复杂问题时，其输出是大量隐藏层之间非线性变换的结果。换句话说，即使生成的答案表面上看似合理，其推理路径也是“黑箱”的，外部观察者很难追踪模型是依据何种逻辑得出结论的。这在需要高度可信度的场景中构成了显著的风险。

假设在医疗辅助诊断系统中，若模型推荐某种治疗方案而不能解释其依据，作为医生，你是否会相信并采纳其建议？同样，在金融领域，合规性报告若由无法审计其推理过程的模型自动生成，也将带来审查上的障碍。

近年来，“链式思维”（Chain-of-Thought）提示词技术在一定程度上提升了模型显性推理的能力，但这依赖于特定的提示模板，且仍不能解决“隐性动因无法被感知”的问题。即使有序列展开，推理过程本身仍是一种拟态表达，而非真实可验证的逻辑结构。

1.1.3 位置偏置

语言模型处理长文本时常出现“Lost in the Middle”现象：对文本首段和尾段的记忆精度较高，而中部信息容易被忽视。这一现象在模型架构上有明确依据：Transformer 结构中注意力机制的分布在序列两端密度更高，中部内容的信息权重在层层传递中逐渐被稀释。

具体表现如长文摘要生成、合同审查、会议记录提炼等任务中，模型往往优先抓取文首定义和文末结论，而忽略中间关键条款或转折信息。

例如，一项由微软研究院主导的实验指出，在标准长文测试集中，GPT-4 对中段关键实体识别的准确率显著低于两端，存在明显的“U 型注意偏差”（U-shaped Attention Bias）。

尽管部分增强机制，如“Found-in-the-Middle”策略或基于窗口分块的长文本编码器有所缓解，但模型内在的结构性偏差仍无法根除。若不通过系统设计进行显性优化，该问题将持续制约语言模型在长文本任务中的可信度。

1.1.4 专业领域盲区

语言模型虽已在通用语言理解任务中达到甚至超越人类水平，但在专业场景，尤其是需要结构化逻辑链条的任务中，性能远未成熟。

以代码修复任务为例，LLM 在识别深层架构缺陷方面表现不佳。2023 年一项实验数据显示，GPT-3.5 在面向多层调用链的 Bug 定位任务中，识别准确率仅为 17.4%，而经验丰富的程序员则可达 78.4%。模型在追踪函数调用链时，平均深度为 2.3 层，而人类可超过 8 层。

此外，在诸如医疗病理分析、工程图纸审核、合规报告生成等任务中，模型常常遗漏关键推理环节，对领域术语的理解也存在语义偏移。这种“领域迁移不完全”的现象说明当前模型在专业知识掌握方面仍缺乏有效机制。

小 结

总之，上下文鸿沟不仅是语言模型本身的结构缺陷，更会在实际应用中引发一系列系统性问题。

首先，在高风险领域，如司法、医疗、能源安全等，模型无法准确处理多轮上下文或道德判断，可能导致严重误判。例如，当用户请求模型提供非法内容时，若模型未能准确识别并拒绝响应，将造成伦理或法律上的后果。

其次，模型生成内容存在“语义偏差”，即输出与用户预期之间存在不一致性，形成所谓的“诡异语义山谷（Uncanny Semantic Valley）”。这类内容往往语法正确但语义错位，令用户产生不信任感，甚至怀疑模型“是否理解自己说了什么”。

所以 AI 模型的“上下文鸿沟”已从学术问题转化为工程瓶颈，必须通过标准化协议（如 MCP）、模型结构优化、记忆机制增强与外部工具协同等手段，协同推进其治理。

1.2 模型上下文协议（MCP）的诞生背景

模型上下文协议（MCP）的诞生，是 AI 应用场景复杂化与多模型协同需求持续增长的必然产物。传统定制化集成方式面临“N × M”适配困境，导致接口重复开发、系统耦合度高、维护成本激增，严重制约了 AI 在企业级与多工具环境中的规模化落地。为解决这一结构性瓶颈，Anthropic 于 2024 年 11 月提出并开源 MCP 协议，借鉴 USB-C 接口理念，构建统一的上下文交互标准，使大模型能够以“即插即用”的方式连接多种外部工具与数据源。MCP 的推出标志着 AI 产业从碎片化连接向标准化生态演进的关键转折。

1.2.1 技术需求驱动

在当前 AI 技术不断深化落地的过程中，模型的能力边界与外部工具之间的“连接能力”正成为系统构建的关键衡量指标。尤其是在多模型、跨平台的真实业务环境中，模型之间若无法实现高效协同，便如同一个多成员乐团却缺乏统一的乐谱与指挥，虽各自能力强大，但合奏时却步调混乱、音色失衡。因此，围绕协同机制、接口对齐与语义一致性的标准化建设，正逐渐成为 AI 工程化演进的核心议题，也催生了对通用协议的强烈需求。以下将从两个典型场景展开说明。

1. 多模型协同瓶颈

随着 AI 应用逐渐进入复杂场景，仅依赖单一模型已难以满足需求。多模型协同已成为现实，但随之暴露出显著瓶颈：每个模型都需要针对不同工具开发专属

API 或接口，结果是工作重复且效率低下。例如，一个 AI 助手同时需接入 Slack、GitHub 并读取 MySQL，若无统一标准，每种组合都要求开发者针对每个工具进行定制化适配，导致项目开发周期和维护成本成倍增加。此现象在社区和业界报告中被广泛提及，是推动构建通用协议的关键驱动力。

2. 企业级应用痛点

在实际企业环境中，各类平台与工具（如 MySQL、Oracle、Slack、GitHub 等）构成数据孤岛。为实现跨平台信息流动，开发团队需维护大量中间适配逻辑，同时保障权限控制与版本兼容。这类“硬编码集成”方式的成本呈指数级上升，例如仅新增一个数据源，就必须新增或者调整多条集成链路，且每条链路都需进行安全、性能、错误处理等严格测试，极大地增加了技术门槛与资源消耗。

1.2.2 产业生态演变

随着 AI 应用走向多模型、多工具协同，传统对接方式如同“每走一步都要重新搭桥”，导致开发重复、效率低下。系统间缺乏统一的连接机制，既增加了维护成本，也制约了扩展能力。在此背景下，构建统一、高效的接口标准已成为破解集成难题的关键路径。

1.“N×M”集成难题的加剧

传统集成方式属于 N×M 问题：若有 M 种模型需要对接 N 种数据源，则需开发和维护 M×N 个特定接口或适配层。这种模式严重阻碍了 AI 应用的横向扩展与纵向生态建设。尤其在 AI 产业进入规模化发展阶段后，集成成本、耦合性以及升级复杂度迅速成为制约因素。

2.MCP 的创新突破

MCP 的基本架构采用经典的客户端—服务器模型，通信基于 JSON-RPC 2.0 协议，支持能力协商与会话状态管理。具体而言，AI 模型作为客户端（client 或 host），与实现了 MCP 规范的服务器（MCP server）建立连接，通过统一接口发出函数调用或上下文请求。服务器再通过规范化流程访问其对应的数据源或工具资源，返回结构化响应。

1.2.3 MCP 的首次应用与效益

为推动协议落地，Anthropic 同步推出多语言 SDK 及服务端示例，展示其跨系统集成能力。其设计理念被誉为“AI 的 USB-C”：不再为每个模型单独开发接口，而是通过统一规范，实现模型与各类工具间的快速连接与高效协作。

1. 开源发布与示例集成

Anthropic 在 2024 年 11 月推出 MCP 规范、SDK（支持 Python、TypeScript、Java 等语言）及多个开源服务端示例，实现与 Google Drive、Slack、GitHub、Postgres、Puppeteer 等系统的对接。文档中提到，仅通过一次 MCP 集成，即可使 Claude 桌面版连接这些系统，并在文档、代码库、聊天工具之间进行统一交互。

2.USB-C 比喻的普及

业内迅速将 MCP 称为“AI 应用的 USB-C”，比喻直观地表达协议目标：消除碎片化集成，实现“即插即用”（plug-and-play），令模型能够透明访问多种工具与数据源。

1.2.4 各界响应与生态扩展

MCP 开源后迅速引发主流平台响应。OpenAI、Google、微软等先后宣布集成计划，推动 MCP 成为跨平台 AI 协同的新标准。同时，众多企业与开源社区积极采用，广泛应用于开发辅助、企业助手等场景，展现出强大的兼容性与实用价值，有效取代烦琐的定制，提升集成效率。

1. 主要平台的快速响应

自 2024 年底进入开源阶段后，MCP 迅速获得行业关注。2025 年 3 月，OpenAI 宣布其 Agent SDK 开始支持 MCP；4 月，Google DeepMind 宣布正在将 MCP 集成至 Gemini 模型与其开发平台；5 月，微软亦在 Windows 平台上原生支持 MCP，旨在让 AI agent 如 Perplexity 等能通过 MCP 与本地文件系统及 Windows 组件进行自然语言交互。

2. 企业与开源社区的积极采用

包括 Replit、Codeium、Sourcegraph、Block（前身为 Square）、Apollo 等多家科技公司宣布已使用或测试 MCP，其用途包括代码补全、企业内部助手与文档检索等场景。MCP 有效替代了以往的定制连接方式，显著降低了开发与维护成本。

小 结

模型上下文协议的诞生并非偶然，而是 AI 应用从单一模型向多工具协作发展过程中所产生的必然需求。通过统一 API 结构、通用接口规范、标准语言与 SDK 支持，MCP 有效解决了“多模型 × 多数据源”导致的集成难题，实现协议化上下文协同。其开源初期便获得行业主流平台响应和开发社区支持，标志着 AI 产业正进入一个更模块化、标准化与生态化的成熟阶段。

1.3 解决“N×M”集成难题的通用标准

随着 AI 模型在企业级场景中的快速部署与功能多样化，模型与外部工具之间的集成需求也随之成倍增长。在传统方案中，每一个模型对接每一个工具都需要开发定制接口。这种 N 个模型与 M 个外部系统组合产生的适配方式，总体需要维护 N×M 条独立集成路径。此模式在技术上造成了明显的“扩展瓶颈”，并在工程上形成了极大的资源浪费。

模型上下文协议（Model Context Protocol,MCP）的提出，正是为了解决这一“指数级集成难题”而设计的通用标准。通过标准化通信协议、角色明确的架构设计，以及组件可独立维护的方式，MCP 实现了 AI 系统与外部工具之间的解耦，从而显著降低了整体系统复杂性。

1.3.1 技术原理与架构设计

MCP 采用经典的“客户端 - 服务器”（Client-Server）架构，并引入模块化角色划分机制，使系统各部分职责清晰并可独立部署和演化。

1. 角色分工机制

这一机制的最大优势在于清晰的责任划分，客户端专注于请求构造与上下文生成，服务端专注于执行与反馈处理，两者通过统一协议进行解耦通信。

MCP 客户端（Client）： 由模型提供方或应用开发方集成，部署于 AI 平台（如 Claude、Cursor、Codeium 等），其职责是根据用户请求发起 MCP 协议调用。客户端封装了模型侧的上下文生成逻辑，通过标准协议与 MCP 服务端通信。

MCP 服务器（Server）： 由工具提供方或中间层开发者实现，部署于 Slack、GitHub、Notion 等工具侧。其主要职责是暴露符合 MCP 标准的 API 接口，负责实际的数据读取、操作执行或状态反馈。每个服务器只需实现对其所属工具的接口逻辑，而无须了解调用它的模型逻辑。

2. 复杂度优化原理

在传统架构中，若需实现 N 个模型对接 M 个外部工具，需开发 N×M 个特定接口，每一个新增模型或工具的加入都将带来指数级的维护成本。

而 MCP 的架构则将此复杂度有效降低：

- 客户端实现 N 次（每个模型实现一次）。
- 服务端实现 M 次（每个工具对接一次）。
- 总体复杂度降低为 N+M。

这种由 O(N×M) 降为 O(N+M) 的优化，在大规模 AI 应用中体现出极大的工程价值。例如，一个组织需要部署 5 个 AI 模型同时接入 10 个工具，传统方案需开发 50 个定制接口，而 MCP 架构下仅需实现 15 个组件，维护成本大幅降低，开发边界清晰且可扩展，如图 1-1 所示。

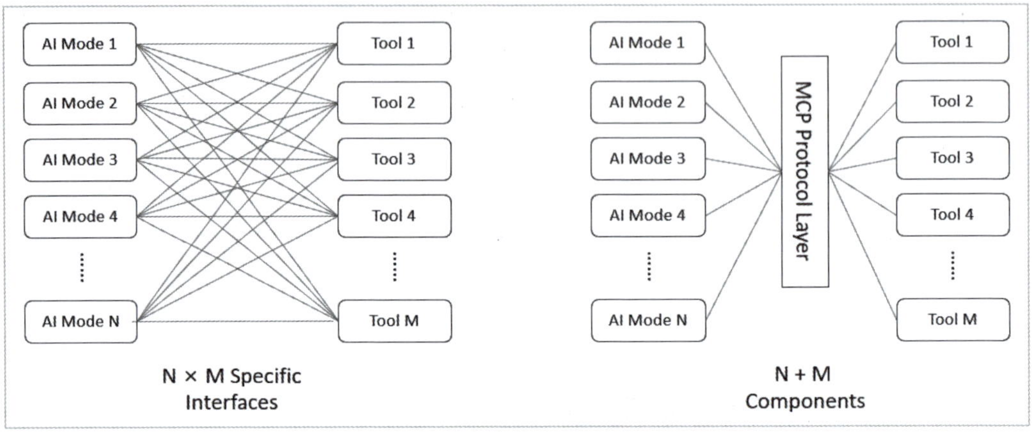

图1-1 复杂度优化原理

1.3.2 实际效益与工程价值

MCP 不仅简化开发流程，还通过标准 SDK 显著提高集成效率，减少大量重复性工作。在动态扩展方面，其“模块即插”机制实现了模型与工具的解耦，提升了系统的灵活性。安全层面，MCP 内建 OAuth 2.1 与审计功能，确保权限最小化与操作可追溯性，满足企业对接入安全与运维可控性的双重要求。

1. 开发效率显著提升

MCP 提供了官方 SDK，目前支持主流语言（Python、TypeScript），涵盖连接配置、请求构造、错误处理、安全认证等完整模块。据官方文档与开发者报告反馈，采用 MCP SDK 可减少 70% 以上的集成开发工作量，尤其在权限管理与会话状态处理方面，可大幅复用框架代码。

2. 动态扩展能力增强

在 MCP 架构下，新增模型无须修改已有工具服务器的逻辑，只需新增一个 MCP 客户端组件；新增工具也仅需实现一个符合规范的 MCP 服务器，即可被所有支持 MCP 的模型访问。这种“解耦式扩展”机制在 AI 应用快速演进、需求变动频繁的环境中极具实用价值。例如，当企业新增一个项目管理工具（如 Jira），只需添加一个 Jira-MCP 服务器模块，所有现有模型便可无缝对接。

3. 安全性与可控性保障

MCP 协议原生支持 OAuth 2.1 认证机制，开发者可直接在框架中接入标准身份认证流程，支持访问令牌刷新、最小权限原则与细粒度授权。此外，MCP 支持会话隔离与事件审计功能，适用于企业内部安全策略管控，有效防范因接口集成导致的数据泄露风险。

4. 案例对比分析

为了更清晰地展现 MCP 的工程价值，以下为传统方案与 MCP 方案在典型 AI 集成场景下的对比：

场景描述	传统方案	MCP 方案
5 个模型对接 10 个工具	需开发 50 个定制接口（5×10）	仅需实现 5 个客户端 +10 个服务端，共 15 个组件
新增工具	需修改 5 个模型的接口代码	仅需新增 1 个 MCP 服务端，无需改动模型
维护成本	任一工具或模型变动需重构多个接口	每个组件独立维护，互不影响
安全策略	各模型需独立实现认证机制	OAuth2.1 统一认证，集中控制

这一结构性差异体现出 MCP 对 AI 系统可维护性、可扩展性与安全性的系统性优化，标志着 AI 集成工程从“个案开发”向“协议标准化”的转变。

小　结

MCP 不仅是一种技术协议，更是对 AI 系统工程复杂度的系统性重构。通过客户端 - 服务器架构的角色划分与接口标准化，MCP 成功将 N×M 级别的集成难题转化为线性可控的模块化设计。其在开发效率、安全可控性、动态扩展能力等方面的优势，使其成为 AI 系统大规模部署过程中的关键基础设施标准之一。

1.4　核心术语与概念解析

为确保 MCP 协议在多模型、多工具协同环境中高效实现，协议设计者对其关键角色、功能模块、通信机制及设计理念进行了标准化定义。下面将系统地解析这些术语与概念，帮助读者全面理解 MCP 的协议结构与工程逻辑，为后续的部署与二次开发提供概念框架与技术语境。

1.4.1 架构三元组：MCP 运行体系的角色划分

MCP 协议体系由三类核心组件构成，分别扮演不同的系统角色，构成“主机—

客户端—服务器”三元架构。

术语	定义与职责说明	示例	类 比 （操作系统结构）
MCP 主机（Host）	用户交互的前端入口，负责接收用户输入，发起指令请求。通常为桌面或嵌入式 AI 应用，如用户点击“读取我的日历”即在此层发起。	Claude Desktop、Cursor	UI 进程（用户界面层）
MCP 客户端（Client）	连接主机与服务器的中间通信层，接收用户意图，将其封装为符合 MCP 协议（JSON-RPC 2.0）的标准指令并转发，亦处理服务端返回结果的解析与回传。	Claude 中的中间通信模块	中间件（逻辑处理与协议翻译层）
MCP 服务器（Server）	与具体工具系统（如 GitHub、Slack）连接的轻量服务进程，实现协议与工具 API 之间的转换桥接，支持多个模型共享访问。	GitHub API 适配器、Slack 桥接器	驱动层（资源调用与硬件接口）

这种三元结构可类比于操作系统中的“UI 进程—中间件—驱动层”，具备清晰的职责边界，支持独立开发、部署与维护。

1.4.2 核心功能模块：功能抽象分类体系

MCP 将 AI 模型与外部世界交互的能力抽象为三类功能模块：工具（Tools）、资源（Resources）与提示模板（Prompts），每类模块均有其明确的职责与协议接口。

1. 工具（Tools）

指可由模型触发并具有可执行性的操作模块，例如发送邮件、创建任务、提交 Git PR 等。这些工具通常具有函数调用接口（Function Calling），支持带参调用与返回结果。

2. 资源（Resources）

指结构化或非结构化的数据集对象，例如 MySQL 数据库、PDF 文档库、项目看板等。模型可通过 MCP 查询、读取或操作资源中的内容。资源通常具有状态（state）与层级结构（schema）。

3. 提示模板（Prompts）

即预定义的指令模板，用于指导模型如何在不同上下文中组织输入与响应流程。例如，“使用指定模板生成会议纪要”即为提示模块的作用。提示的标准化可提升语义一致性，减少模型生成误差。

这三类模块共同构建了 MCP 的功能层级，使开发者能够在统一的抽象下扩展功能、绑定数据与定制交互逻辑。

1.4.3 通信机制：协议与传输的规范定义

为了保障跨平台兼容性与通信效率，MCP 采用灵活的底层通信机制与统一的数据格式。

1. 传输协议支持三种模式

（1）Stdio（标准输入输出）：用于本地插件模式，如模型通过命令行调用本地脚本工具。

（2）SSE（Server-Sent Events）：基于 HTTP 长连接的实时通信模式，适用于浏览器或 Web 环境中保持会话的场景。

（3）Streamable：一种支持高效数据流推送的机制，适用于大模型输出长篇文档或处理大数据资源时的渐进式响应。

2. 数据格式标准

MCP 基于 JSON-RPC 2.0 协议进行消息封装，具有方法名、参数、ID 和返回值四要素，天然支持异步通信、错误捕获与多请求并发。

通过统一通信协议与结构化数据格式，MCP 可以同时支持本地、云端、Web 插件等多种运行环境，实现模型行为的高效封装与可追踪性。

1.4.4 关键设计理念：技术选型背后的协议哲学

MCP 不仅是一个技术规范，其设计哲学在协议定义中体现出对可维护性、跨平台性与语义最小化偏差的高度重视。

1. 协议优先（Protocol First）

MCP 坚持协议规范先于 API 设计，所有接口调用、参数传递、权限交互都基于明确协议字段。这一理念确保系统具备跨平台可扩展性，避免因私有 API 差异引发平台间不兼容问题。

2. 语义效率（Semantic Efficiency）

MCP 关注模型如何在有限上下文中准确理解操作意图，通过提示模板与上下文学习策略缩小模型“预期—生成”的语义偏差区间。例如，通过标准化 Prompt 模板，可以显著减少模型误调用、重复问询等问题，从而提升用户体验。

MCP 的这些设计原则，旨在确保协议具备良好的鲁棒性、低耦合性与长周期可维护性，使其成为 AI 产业通用协议的关键基石。

小 结

AI 技术的不断演进推动其在复杂场景中的深入应用，但“上下文鸿沟”逐渐暴露出语言模型在记忆、推理、理解等方面的结构性短板，严重制约其准确性与可信度。同时，传统的定制化对接方式在面对多模型、多工具协同需求时，陷入“N×M 集成难题”，集成路径数量成倍增长，技术复杂度与运维成本显著上升。

为解决这一瓶颈，MCP（Model Context Protocol）应运而生。作为一种面向上下文交互的标准化协议，MCP 通过统一通信架构、角色分工机制与开发接口标准，实现了模型与工具之间的解耦连接。其设计理念类比于“AI 界的 USB-C”，强调即插即用、模块独立、语义清晰。

在技术实现层面，MCP 采用 Client-Server 架构，通过 Host、Client、Server 三个角色明确职责边界，配合标准 SDK，极大提升了开发效率与系统可维护性。同时，其对 OAuth 认证、会话隔离与通信协议的原生支持，进一步增强了安全性与兼容性。

目前，MCP 已获得 OpenAI、Google、微软等平台的快速响应，众多企业与开源社区也积极接入，展现出广泛的生态活力。可以预见，MCP 的推广将成为 AI 系统从分散到集成走向标准化协同的重要标志，为构建可扩展、可控、可信的 AI 应用基础设施奠定坚实基础。

第2章

MCP 架构总览

在构建一个通用而灵活的 AI 生态系统时，我们不禁要问：大语言模型如何像人类一样，与外部世界的工具、数据、任务形成自然而安全的互动？当 AI 不再只是“回答者”，而成为“执行者”“协作者”“分析师”，它是否也需要一套自己的“操作系统总线”来协调这些复杂交互？

正如 USB-C 接口让数码设备的连接变得统一而高效，MCP 正试图为 AI 与外部工具之间的连接建立一套标准化、可扩展的通信机制。它不仅要实现数据和指令的双向通信，还要兼顾多模型、多工具、多场景的权限控制与安全隔离。

那么，这个“AI 的 USB-C”究竟由哪些模块构成？它如何保证不同角色各司其职？Client 是否真如“服务员只对接特定厨房”？又该如何实现异步通信与资源沙箱，确保数据不泄露、指令不误传？

接下来的章节，将从 MCP 的核心架构入手，深入剖析其三大角色、通信机制、安全模型与核心能力，揭示它如何搭建起 AI 与世界之间高效、可信、可控的“桥梁”。

2.1 MCP 的基本构成

当大语言模型从“问答机器”迈向“智能代理”，它不再只是处理文本的工具，而是开始主动调用外部系统、协调多方资源、参与决策过程。在这一复杂而精妙的流程中，模型究竟是如何凭借其高度的组织性、精准的权限把控以及敏锐的判断力，像一个功能强大的“数字大脑”一样，与各种各样的工具系统实现高效且精准的协作呢？

这正是 MCP 所要解决的关键问题。它就像“AI 的 USB-C”一样，不仅统一了模型与外部工具的连接方式，更划分出清晰的结构角色，让不同模块各司其职、协同运作，从而实现高效且精准的协作。

在 MCP 的世界里，Host 是“指挥中心”，Client 是“通信官”，而 Server 则是“工具仓库”。它们之间既独立又联动，就像一个现代化的分布式团队——各有分工，但目标一致。Host 可以同时调度多个 Client，而每个 Client 又专注于服务一个特定的 Server，确保任务分发高效、数据通路清晰、安全边界明确。

接下来，让我们一起深入探讨这一架构的基本构成与角色机制，理解这个“AI 连接协议”的底层设计逻辑与协同的精妙之处。

MCP 架构类比于现代计算设备的 USB-C 扩展坞，中央的“主机”代表 MCP Host，通过中间的 MCP 客户端模块与多个 MCP 服务器建立连接。这些服务器分别连接本地数据源和远程服务，统一接入模型的上下文处理流程。如图 2-1 所示，每个 Server 模块像独立的工具插口，通过标准化协议与中心模型系统高效集成，体现了 MCP 架构“即插即用、解耦互联”的核心设计理念。

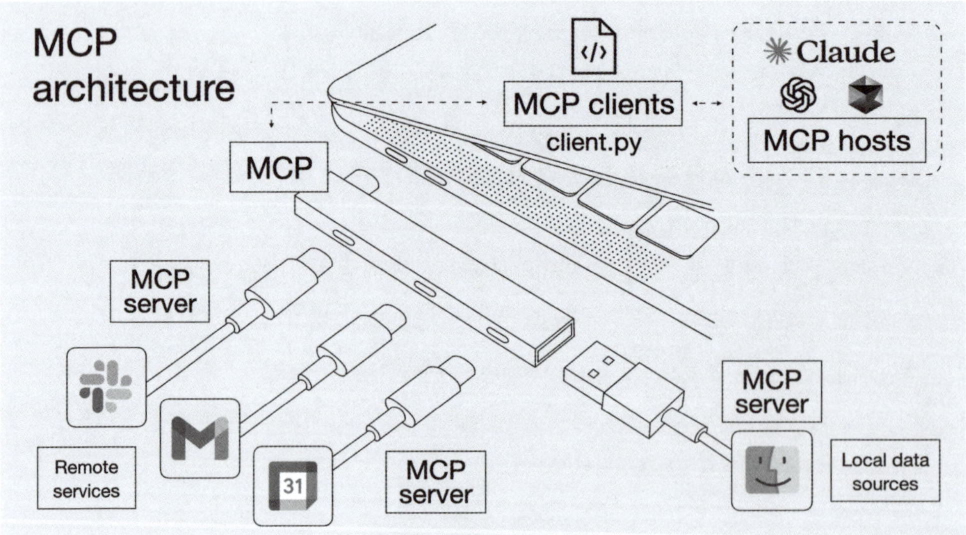

图2-1 MCP总体架构

2.2 Host、Client、Server 三者协同机制

在 MCP 架构中，三大核心组件——MCP Host、MCP Client 与 MCP Server——共同构成了大语言模型与外部世界之间高效、标准化交互的基础支撑体系。它们通过职责分离、接口规范与协议协同，解决了传统 AI 应用中“上下文孤岛”与“工具碎片化”带来的开发、部署与维护难题。下面将分别对三大核心组件进行详细阐述，剖析其功能定位、通信机制、典型应用与技术实现逻辑。

2.2.1 MCP Host：LLM 应用的承载与调度中枢

MCP Host 是整个 MCP 架构中的用户交互入口和任务调度核心，主要作用是承载大语言模型的运行环境，并负责协调模型与多个 Client 实例之间的上下文共享与权限管理。它通常部署于具体的 LLM 应用平台中，例如 Claude Desktop、ChatGPT 桌面客户端、Cursor 等集成式界面环境，如图 2-2 所示。

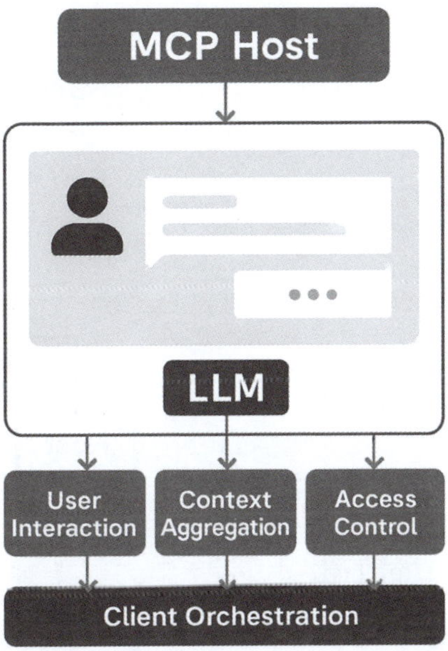

图2-2 MCP Host

1. 功能职责

MCP Host 的功能主要有用户交互、上下文聚合、权限控制、Client 调度。

（1）用户交互：接收来自用户的自然语言请求，是人机交互的前端接口。

（2）上下文聚合：整合模型对话历史、调用结果、外部工具反馈等信息，构建语义完整的上下文。

（3）权限控制：定义并管理模型访问外部工具或数据资源的权限策略，确保安全性与合规性。

（4）Client 调度：根据任务语义将任务分发给特定 Client 实例，并整合其返回结果用于进一步生成。

2. 架构设计

MCP Host 设计强调模块化与安全隔离。它支持多线程或异步机制并发调度多个 Client，每个 Client 实例在 Host 中被绑定至具体会话、特定资源或操作目的。这种“按需调度 + 分布式上下文控制”的方式，使得 Host 不仅是运行容器，更是语义调度和上下文治理的智能中枢。

3. 应用场景

在 VS Code 等集成环境中，MCP Host 可以协同 LLM 提供“代码补全 +Git 操作 + 问题定位 + 日志分析”等多维度智能开发体验；在桌面助手中，Host 负责整合“文件读取、日历调取、邮件回复”等复杂操作的语义流程，使用户可以通过自然语言与多个异构工具进行无缝协作。

2.2.2 MCP Client：语义中转与协议翻译器

MCP Client 是 Host 与 MCP Server 之间的通信桥梁，承担协议封装、能力协商与状态管理的核心任务。它的职责可以类比为“语义翻译官”与“通信代理人”，在结构上呈现出面向特定工具（Server）的一对一部署模式，如图 2-3 所示。

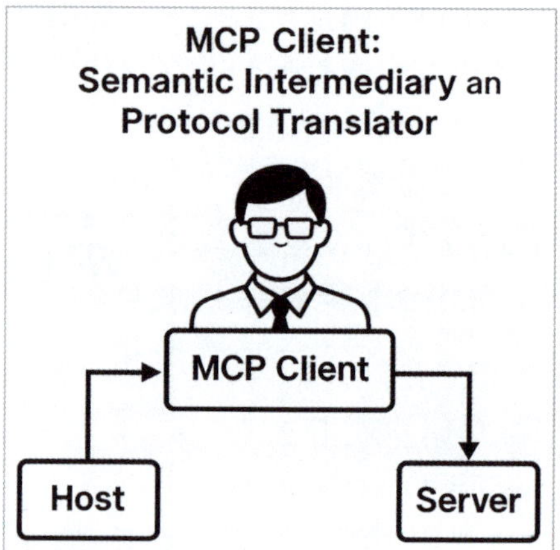

图2-3 MCP Client

1. 功能职责

MCP Client 的功能职责主要有连接维护、消息封装、能力协商、状态管理和响应处理。

（1）连接维护：建立与 MCP Server 的持久连接（通常为长连接或事件通道）。

（2）消息封装：将 Host 生成的调用意图转换为标准化协议格式（如 JSON-RPC 2.0）。

（3）能力协商：与 Server 完成服务能力查询与调用权限判断。

（4）状态管理：维护调用链中的会话标识、令牌认证、参数缓存等关键状态信息。

（5）响应处理：对 Server 返回的结构化数据进行解析与中转，发送至 Host。

2. 技术实现

MCP Client 通常以轻量级进程或异步线程方式运行，具备高度模块化与可扩展性。它支持多种通信协议（如 HTTP POST、SSE、WebSocket 等），并可集成 OAuth。

3. 认证机制实现身份验证与授权。

在典型实践中，Client 可被视为每类工具服务（如 Slack、MySQL、Notion）的“接入适配器”，为模型提供封装完备、状态明确、语义一致的调用通道。这种机制有效避免了模型直接面对复杂 API 逻辑，从而实现“即插即用”的使用体验。

4. 多 Client 结构的优势

MCP 设计允许一个 Host 同时启动多个 Client 实例，每个 Client 连接不同的 MCP Server。例如，一个 AI 助手可以同时运行“数据库 Client”“文件系统 Client”“协作平台 Client”等，分别负责读取数据、上传文件、同步会议记录。通过 Client 的模块化运行与通信分离，MCP 显著提升了系统的并发性、稳定性和可维护性。

2.2.3 MCP Server：能力暴露与接口网关

MCP Server 是架构中最贴近外部工具与数据资源的组件，负责将其能力以 MCP 标准接口的形式暴露出来，供 Client 调用。它是整个系统中“对接现实世界”的接口网关，承担着资源管理、任务执行与语义封装的多重角色，如图 2-4 所示。

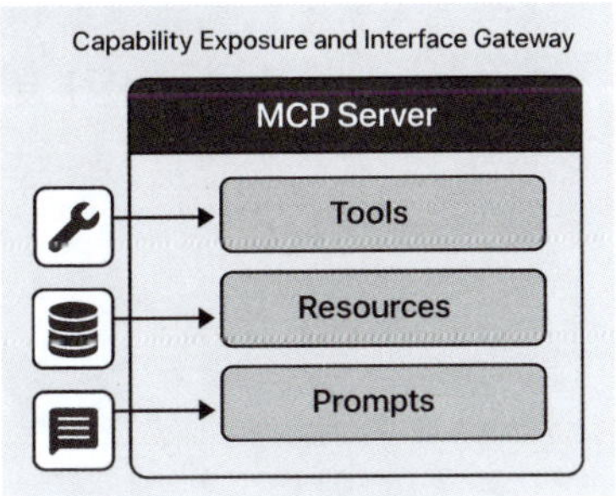

图2-4 MCP Server

1. 能力分类

MCP Server 的能力分类有 Tools、Resources、Prompts。

（1）Tools：表示具有操作性或控制性的能力，如执行命令、创建任务、发送邮件等。

（2）Resources：表示可读取、可更新、可查询的静态或动态数据资源，如数据库、文件系统、在线文档等。

（3）Prompts：表示一组结构化提示词模板，指示模型如何在不同语境下调用工具或生成内容。

2. 功能实现

每个 Server 实现一套符合 MCP 接口规范的 API 服务，支持调用权限校验、输入参数验证、错误处理与状态反馈。它通常部署为轻量级进程（如 Node.js、Python Flask 等），可运行于本地环境、云服务或容器平台中。

通过对接具体系统 API（如 GitHub API、Slack API、Postgres DB 连接等），Server 将传统的接口调用行为封装为对 Client 透明的 MCP 调用单元。这种“协议适配 + 服务抽象”模式使 MCP 成为跨平台、跨系统、跨语言的工具集成标准。

3. 安全控制

MCP Server 可集成 OAuth、RBAC、Token 验证等安全机制，支持最小权限原则、敏感操作隔离与调用审计。在高安全需求场景下，可将 Server 部署于沙箱容器中，通过网络隔离与资源配额控制风险操作，确保系统稳定性与数据安全。

4. 多 Server 集成

一个 LLM 应用可以同时对接多个 MCP Server，从而具备访问多个外部系统的能力。通过在 Host 中配置不同 Client-Server 组合，开发者可快速搭建支持多种工具调用的复杂工作流，极大提升了 AI 系统的能力边界与落地场景的广度。

小　结

MCP 架构通过 Host-Client-Server 三元协同结构，有效解耦了 LLM 与外部工具之间的交互关系，使模型具备上下文感知、自主调用、安全可控的工具访问能力。每个角色的功能清晰、接口标准、部署灵活，为 AI 系统在真实世界中的工程化落地提供了坚实的技术支撑，也为未来构建“多模型 + 多工具”协同生态打下了统一的协议基础。

2.3 双向通信机制与沙箱模型

在 MCP 体系中，双向通信机制与沙箱模型共同构成了协议运行的“信息流动管道”与“安全防火墙”，是确保模型与工具交互既高效又可靠的关键结构。前者如同大脑与手脚之间的神经通路，不仅下达指令，还能感知反馈，进而调节行为；后者则好比隔热手套，使模型能安全地操作现实世界的炽热工具，而不会被其不确定性所伤。

下面将系统解析这两项核心机制，分别从设计理念、工程实现、典型场景与潜在风险等维度展开，揭示其在 MCP 标准中如何实现“高自由度调用”与“高安全性保障”的双重目标。

2.3.1 双向通信机制：让模型具备“耳朵”与“回音”

在多数传统 AI 工具调用体系中，模型向外部工具发送请求的过程往往呈现“单向命令制”——如同一位下达命令的将军，却永远听不到战场的反馈。这种方式在执行简单任务时尚可容忍，但当任务变得复杂、依赖中间结果反馈或需要多轮对话时，系统就会陷入“听不懂、反应慢、无法修正”的困境。

MCP 提出的双向通信机制，正是要赋予模型“耳朵”与“回应”，使其不仅能发号施令，更能倾听反馈、调整思路，实现语义层面的动态迭代。

1. 技术结构：事件驱动 + 状态协同

MCP 采用事件驱动架构，定义了一套标准化的消息格式与事件流。其核心通信路径如下。

通信方向	消息类型	功能说明
Host → Client	call.request	发起调用请求，携带意图、参数与会话上下文
Client → Server	tool.execute	执行任务指令，转换为 Server 理解的协议调用
Server → Client	status.progress	返回任务进度、中间结果、执行状态等提示信息
Client → Host	call.update	通知 Host 模型，反馈中间语义或执行轨迹
Server → Client	response.result	返回最终结果，携带结构化或语义化输出
Client → Host	call.result	整合回传数据，汇入模型生成上下文

这种机制使模型在一次调用生命周期内，能够实现“多次听见、多次思考”，不仅提升了语义的完整度，还让响应生成更具因果一致性。

2. 任务监听与异步反馈机制

如同餐厅中的“服务铃”与“厨房出餐窗口”，模型在发出指令后并非陷入等待，而是通过“UUID 订阅机制”挂起监听状态，随时准备接收异步反馈。

MCP 支持通过 WebSocket、SSE 等通道建立持久连接，一旦 Server 返回中间结果（如查询中、正在写入、等待审批），Client 便自动推送至 Host，更新模型上下文。这种“监听 - 回响”的结构，避免了“问一句等十分钟”的低效等待，也使得模型具备一定程度的“外部世界感知力”。

典型场景有两个：

（1）数据库 Client 查询一个复杂表单，执行耗时 5 秒，模型在等待结果时根据“progress 状态”决定是否中途补问或提前规划输出模板。

（2）邮件系统 Client 提交一封草稿，Server 返回反馈“收件人不存在”，模型可实时改写措辞并重试，提升交互的智能化水平。

2.3.2 沙箱模型：为“能力释放”设下“安全边界”

MCP Server 往往连接着极为强大、真实的工具世界：数据库写入、任务系统创建、Git 指令提交等，这些操作一旦误触，可能引发不可逆的后果。若让大模型直接调用这些接口，风险显而易见。

因此，MCP 采用沙箱机制，为每个 Server 划定“可操作范围”，限制其访问路径、数据权限和行为能力。这就好比建一个“透明厨房”：工具可以在里面自由操作，但火焰、刀具永远不会伤到外部模型。

1. 三种沙箱策略的技术实现

根据业务场景与安全等级，MCP 支持三种典型沙箱模型。

沙箱类型	说明
网络隔离型沙箱 (Network Sandbox)	通过 VPC、容器网段隔离，限制 Server 只能接受来自 Client 的单一端口调用，无法主动访问公网或数据库主干，用于处理 API 触发类工具（如 Webhook、Slack）等。
操作系统权限型沙箱 (System Sandbox)	基于 Linux namespace、cgroup 等技术，控制 Server 的文件目录、进程能力、内存上限等，例如执行本地脚本或管理配置类工具。
虚拟机型沙箱 (Runtime VM Sandbox)	利用轻量虚拟化技术（如 Firecracker、gVisor），为每个 Server 构建独立运行环境，并实现状态追踪、故障隔离，适用于金融、政务等高敏场景。

这三种沙箱如同从“监控门禁”到“隔离病房”的逐级升级，为工具的执行提供灵活的风险应对策略。

2. 沙箱内的行为审计与容错控制

每个沙箱内的 Server 都默认启用调用日志机制，记录每次操作的参数、来源、响应码与耗时。所有日志均可回传至 Host 侧，用于生成“调用审计报表”，支持平台的合规审核、性能分析与风险复盘。

同时，沙箱内置故障熔断机制：如调用超时、参数异常、系统崩溃等事件将触发保护流程，如“自动重启”“异常封锁”“错误报告”等，确保单个 Server 的失控不会传导至整个模型调用链，就如一个智能断电系统，守住整个社区的用电安全。

2.3.3 协同效应：如同“耳聪目明 + 刀枪不入”的组合

将双向通信与沙箱模型结合使用，MCP 赋予模型一种近似“耳聪目明、刀枪不入”的能力：前者确保模型能在交互中“听懂世界”，后者保证它“安全使用世界”。

这套机制的实际价值体现在多个维度：

- 对模型而言，输出更具上下文的因果性，不再“闭眼生成”。
- 对开发者而言，集成工具更安全、调试链条更明确。
- 对用户而言，交互更顺畅，系统更可控。

在真实工程场景中，这种机制已广泛应用于“企业内部助手”“智能财务机器人”“多模态创作平台”等 AI 服务中，有效避免了“调用失控”与“生成脱节”的双重隐患。

小 结

双向通信机制打通了模型与工具的“神经通路”，使模型不仅能发出指令，更能接收反馈、调整输出；沙箱模型则筑起了“权限边界”，在能力释放与风险控制之间实现平衡。

二者共同构成 MCP 协议的中枢神经系统与免疫系统，是 MCP 在现实世界中稳定运行的关键保障。可以预见，未来在多模型协同、数据闭环调度、AI 治理审计等复杂场景中，这一结构将成为构建可信 AI 平台的标准配置。

2.4 资源、工具与提示：MCP 的三大核心能力

在 MCP 架构中，模型的外部能力不再是“临时外挂”或“低耦合调用”，而是通过“资源（Resources）、工具（Tools）、提示（Prompts）”三大核心能力进行统一封装与标准化表达。这一分类不仅明确了能力边界，也为模型调用路径、权限策略与提示词系统的建立提供了标准坐标。

可以将这三大能力比作一位智能助理的“信息感知力”“执行控制力”与“指令理解力”：资源能力如同助理熟记的资料库，工具能力如其手边的操作终端，而提示能力则像一套指令语法，让助理知道“何时该做什么”，并用正确的方式去完成任务。

2.4.1 Resources：模型的“感知数据库”

资源（Resources）指一切可供读取、查询、筛选、分析的数据结构，包括但不限于数据库表格、本地文件、用户资料、API 数据快照、配置参数等。

与传统“调用工具”的即时性不同，资源类能力更强调“静态结构化感知”，即模型通过读取资源了解世界状态，为后续操作决策提供依据。

资源类型	示例	模型用途
数据库表格	用户交易记录、产品库存、日志明细	回答问题、统计分析、生成报表
文档与文件	Markdown 文档、Word 报告、PDF 协议	抽取摘要、翻译解释、改写优化
API 数据快照	天气信息、汇率接口、公司公告	提供背景上下文、生成模板内容

这些资源在调用链中通常以“只读”方式暴露，Host 可根据请求上下文决定是否挂载指定资源集，Client 负责解析资源结构，并以 MCP 接口协议返回结构化数据供模型使用。

资源能力就像模型的“记忆眼睛”，不是做什么，而是看清楚、读懂、提取。

正是这些资源让模型在面对自然语言时有“事实依据”，不再闭门造车。

2.4.2 Tools：模型的“操作手臂”

工具（Tools）是 MCP 中定义的最具行动性的能力，指具备明确操作行为、可触发外部状态变化的 API 能力，包括发送指令、修改记录、创建任务、推送通知等。

与资源不同，工具是“能做事”的实体，模型在具备足够上下文后调用工具，形成“语言到行动”的闭环。

工具类型	示例	模型用途
通知类工具	发送邮件、Slack 推送、短信通知	通知提醒、对接协作、流程跟进
控制类工具	调整温控器、开关电源、摄像头拍照	智能家居、工业控制、远程运维
生产力工具	创建 Jira 任务、提交 Git PR	辅助研发、项目协同、版本管理

Client 与 Server 共同封装这些工具调用，使模型可以通过自然语言控制“现实世界”，而无须直接面对参数繁杂的 REST 接口。

若资源是眼睛，工具就是手。MCP 架构下的工具能力，使得模型像使用“遥控器”的使用者——它可以伸手触碰代码仓库、消息系统、设备开关，而这种“手”的存在是可定义、可审计、可裁剪的。

2.4.3 Prompts：模型的“任务剧本”

提示（Prompts）是 MCP 体系中支持语义层调用的特殊能力形式，通常表现为一组结构化的提示词模板，帮助模型更高效、更一致地使用资源或工具。

提示不是指令，而是一套对“指令结构、语气、内容”的定义规范，引导模型如何理解任务，如何生成调用意图或回复内容。

提示类型	示例	模型作用
意图生成提示	“请根据以下内容撰写一封商务邮件”	明确语境、格式、语气
工具调用提示	“可以使用 send_mail 发送通知”	调用意图识别与接口匹配
上下文修正提示	“之前提到过 ××，请结合它重写内容”	历史回顾与内容衔接

提示就像模型的“导演”，它告诉模型这是一出怎样的戏、该用什么角色、讲什么台词。没有提示，模型虽然有能力，但常常发挥不稳定；有了提示，生成的内容才能有节奏、有风格、有精准性。

2.4.4 三类能力的协同结构：从“资源感知”到“工具行动”的闭环

这三类能力在 MCP 调用路径中并非割裂存在，而是以环环相扣的方式协同完成一个完整的任务流程。从模型理解用户意图，到提取相关数据，再到完成具体动作，最终生成反馈，整个过程就如同一台智能机器人在执行“感知 - 决策 - 行动”的闭环系统。

模型通过 Prompt 明确语义→调用 Resource 提取数据→使用 Tool 完成动作→ Host 整合结果→ Prompt 驱动下一轮逻辑。

这一闭环就像人类完成一个任务的认知流程：首先要听懂请求（Prompt），再从大脑中提取记忆或查阅资料（Resource），然后付诸行动（Tool），最后根据反馈调整下一步计划。MCP 中的每一项能力，便是构成这一认知——执行通路的核心要素。

1. 示例分析：一个具体的“销售日报推送”任务

用户发出请求：“请帮我发一封包含昨天销售数据的邮件给团队。”

（1）Prompt 模块激活邮件模板指令，并确定格式与语气，例如“语气为中性、内容需简洁明了”。

（2）Resource 模块查询数据库中的昨日销售表，提取关键信息如“销售总额”“客户名单”“退货率”等。

（3）Tool 模块通过调用邮件工具 send_mail，完成内容插入、附件挂载与发送操作。

（4）系统返回操作状态：发送成功或失败，并触发下一条 Prompt：“是否还需推送至群组？”

这类任务场景中，三种能力的联动就像一个训练有素的秘书：听得懂、找得到、做得快，而且会根据反馈继续追问下一步。

2. 对复杂任务的支持能力

在更复杂的业务流程中，例如“自动审核报销单据”“跨系统信息调度”“多轮问答生成”，这三类能力会以流水线式排列、嵌套调用或并发运行的方式构建多层级执行链条。这种结构不仅让模型具备更强的任务处理能力，也为未来构建“多智能体协作流程”提供了协议基础。

因此，三类能力的协同，不只是执行一件事，更是在推动 AI 从“生成式回答”向“自主型执行”演进。

小结

资源、工具、提示三类能力构成了 MCP 对外连接世界的“三维语义接口”。

（1）Resource 提供“看清世界”的能力。

（2）Tool 提供“改变世界”的能力。

（3）Prompt 提供“理解世界”的能力。

它们既各自独立，又彼此协同，是支撑 MCP 成为“具身智能协议”的重要基础。在未来，随着更多能力被封装为 Server 服务节点，这一能力分类将持续演化为“智能服务市场”的元协议标准，实现真正意义上的 AI 能力插件化、语义自治化、流程柔性化。

第 3 章

集成方式比较：MCP 为何成为更优解

在人工智能迅速渗透各行业的背景下，模型的集成能力已成为 AI 应用落地的关键瓶颈。尽管 OpenAI 函数调用机制通过自然语言与结构化函数结合，初步解决了模型与外部工具之间的调用问题，但其线性调用、静态注册和上下文孤立的特性，使其难以胜任复杂的多工具协同场景。传统插件和 SDK 机制同样面临扩展性差、安全风险高、兼容性差等问题，难以构建可持续的智能生态。

MCP 作为一种面向 AI 时代的开放通信协议，通过 Host-Client-Server 三层架构，彻底解耦模型与工具的执行环境；通过支持 JSON-RPC、SSE 等通信机制，实现跨平台、低耦合、高安全性的数据与工具调用能力。其核心亮点包括动态工具发现、会话状态管理、零信任访问控制机制以及统一标准接口，为构建 Agent 式 AI 系统提供了底层支撑。

当前，LangChain 等主流 AI 框架已原生支持 MCP 协议，MCP 逐渐从技术标准走向生态范式，成为推动 AI 从“单点工具集成”迈向“网络化智能协作”的关键桥梁。MCP 不仅是技术协议，更有望成为 AI 行业的“USB-C”，引领 AI 集成范式向更开放、安全、可扩展的方向演进。

3.1 OpenAI 函数调用机制对比分析

OpenAI 于 2023 年 6 月在其 API 中引入了函数调用（function call）功能，这无疑是大模型能力从文本生成向外部系统控制与集成迈出的关键一步。该机制被视为连接语言模型与现实世界工具之间的桥梁，具有深远的技术意义和广泛的实用前景。

函数调用机制的核心思想是将传统的软件函数封装为结构化描述信息，由开发者定义函数名称、功能说明、参数类型与格式，使用 JSON Schema 的方式注册到模型调用环境中。当用户通过自然语言提出指令时，模型不仅生成文本响应，还可以识别是否需要执行某个函数，并自动构造调用所需的参数，从而驱动外部系统完成任务。这种机制有效扩展了大模型的执行边界，实现了“从理解语言到执行任务”的跨越。

在技术实现上，OpenAI 函数调用机制遵循一套标准流程，主要包括以下五个步骤。

1. 应用程序发送用户提示 + 函数定义

开发者在调用 OpenAI 接口时，将用户的自然语言输入（prompt）与一组函数定义（functions）一并提交。这些函数通常包含三个方面：

- name：函数唯一标识符（如 get_weather_forecast）。
- description：模型用来理解函数用途的简短说明。
- parameters：函数参数定义，使用符合 JSON Schema 的结构描述，包括参数名称、类型、是否必填、可选值等。

通过这种结构化方式，模型能够清晰地感知每个函数的用途与参数要求。

2. LLM 判断是否需要调用函数

语言模型接收到 prompt 与函数定义后，会对用户输入进行语义分析。如果模型判断当前任务无法仅通过文本生成完成，而需要调用某个外部工具，则它将返回一个“函数调用建议”（function_call），包含要调用的函数名称与参数（JSON）。这个判断过程体现了模型对意图识别与任务拆解能力的运用。

值得注意的是，模型在此阶段只会建议调用某个函数，并不会真正执行。执行操作仍需交由外部系统处理。

3. API 返回函数调用指令

OpenAI API 会以 structured message（结构化消息）的形式返回模型的函数调用意图，包括两个函数：

- function_call.name：模型建议调用的函数名称。

- function_call.arguments：模型构造的参数对象（JSON 格式）。

开发者可根据此响应结果，解析出要调用的具体函数与参数。

4. 应用程序执行函数

函数调用本身并不由模型执行，而是由外部应用系统根据模型返回的指令来执行。例如，若模型建议调用“查询天气”函数，后端应用会根据提供的经纬度参数向天气 API 发起真实请求，并获取结果。这一机制可结合传统 API 网关、业务中台、微服务架构等进行灵活对接，实现复杂业务逻辑的封装与调度。

5. 函数执行结果返回模型，生成最终响应

应用系统将函数执行结果（例如，返回的天气数据）再次作为输入传回模型，并指明该信息是函数执行结果。模型据此可综合上下文与函数返回值，生成最终的自然语言回复，呈现给用户，如图 3-1 所示。

当用户提问：“明天下午上海天气怎么样？”

模型调用 get_weather_forecast(location="Shanghai", time="tomorrow 2pm")，后台获取数据后返回模型，模型最终回复：

“明天下午上海预计为多云，气温 26℃，无明显降水。”

这一过程构成了模型“理解—调用—执行—总结”的闭环。

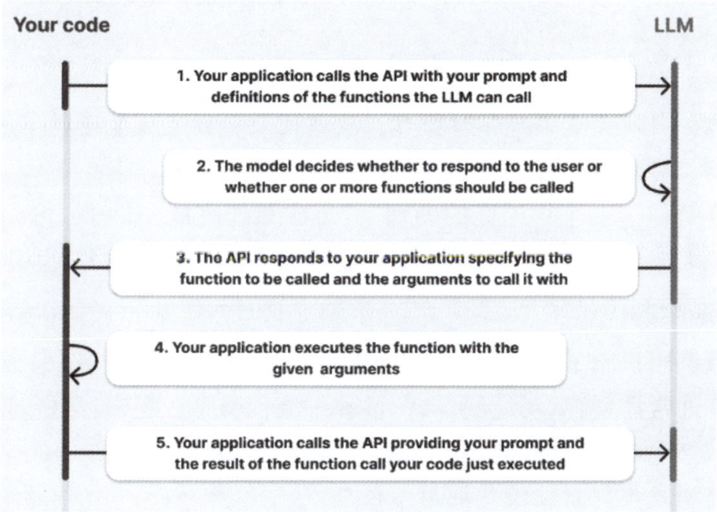

图3-1 OpenAI函数调用过程

3.1.1 线性指令机制：仅支持单次函数调用决策

尽管 OpenAI 函数调用机制提供了一种将自然语言指令转化为结构化操作的创新路径，使大模型具备初步的“执行能力”，但其底层设计仍基于线性调用逻辑，

即每次用户输入只能触发一次函数调用决策，由模型选择是否调用、调用哪个函数，以及以何种参数执行。这种模式在处理简单、单步操作场景时表现良好，如“查天气”“查汇率”等任务，但在应对多步骤任务链、复杂条件判断、跨工具协同等实际业务场景时却显得力不从心。

1. 结构设计上的限制

OpenAI 函数调用机制没有内建“函数调用链”或“调用计划”结构，这意味着模型在任意一次函数调用中只能处理一个目标任务，缺乏对全流程任务的规划能力。

任务：根据当前天气决定是否自动开启智能空调，并将运行状态记录到日志系统中。

这类任务至少需要三个步骤：

- 步骤一，获取天气。
- 步骤二，判断是否需要开空调。
- 步骤三，控制设备并记录日志。

在当前函数的调用机制中，模型无法直接编排以上流程，也无法缓存中间状态做进一步判断，导致开发者不得不在应用层手动控制流程，即每一步执行后将结果再交给模型进行下一步判断。这种“人控 + 多轮调用”模式在系统中容易产生以下问题：

- 问题一，增加 API 调用频次与上下文传递复杂度。
- 问题二，引入大量串行异步操作、状态同步与错误恢复逻辑。
- 问题三，对模型返回的 JSON 进行多轮解析、封装、再提交。

这种模式类似于一个“失忆的助理”，每次只能完成一件事，不知道上一步发生了什么，也无法预判下一步要做什么，整体流程缺乏连贯性和自动性。

2. 在工程实现中的代价

由于函数调用机制不支持多步逻辑组合，也无法原生支持多个工具并行或组合使用，开发者通常需要在业务层引入一整套“流程引擎”逻辑。这包括：

- 建立状态管理模块以记录每步函数返回内容。
- 用条件树或规则系统控制调用路径。
- 在多模型协作场景中实现人工协议协商（如谁调用哪个工具，何时触发下一步）。
- 处理 API 串接失败、模型调用误判、函数返回异常等边缘问题。

这类实现不仅需要复杂的中间层封装，而且高度依赖人工调试与维护，限制了模型应用的敏捷性与可扩展性。

3. 研究数据的局限性

多项实证研究也对 OpenAI 函数调用机制在复杂场景下的性能表现进行了评估。其中最关键的问题包括以下几个方面。

（1）函数识别准确率随函数数量的增加而大幅下降。一项由 Anthropic、Princeton 等机构联合完成的研究显示，当函数定义数量超过 15 个时，大模型对函数调用的判断准确率迅速下降，平均误识别率上升至 85%。当存在名称相近、参数相似的函数时，模型更容易出现混淆和错误调用。

（2）多轮对话准确性不稳定。同一研究指出，在多轮对话环境中，由于上下文信息不断积累、目标逐步变化，模型的函数调用意图理解能力出现波动，误差率在对话第 4 ~ 6 轮时显著上升，最高可达 91%。这意味着当前线性调用结构难以支撑“任务拆解 - 跨轮协作”的交互模式。

（3）缺乏记忆导致上下文衰减。在现有机制中，模型每次调用时缺乏明确的状态记录与多轮记忆机制，导致其无法基于前文意图持续完成任务链。应用需通过 prompt 工程不断“喂回”历史信息，形成冗余与信息膨胀，严重影响调用效率与成本。

4. 现实影响与未来趋势

上述局限性意味着，尽管 OpenAI 函数调用机制适合构建“轻型智能体”或“单点任务模块”,但对于更贴近真实业务流程的“多工具编排”“跨模型协同”“条件触发式任务”系统，其线性机制难以胜任。实际部署中往往需要借助外部框架（如 LangChain、Autogen）或引入新的协议（如 MCP）进行能力补充。

3.1.2 异构接口兼容性问题：标准不统一，跨平台集成成本高

OpenAI 的函数调用机制，虽然开创性地让语言模型具备了“调动工具”的能力，但其底层设计仍依赖一种静态定义的思路：开发者必须提前将函数的“全套说明书”写好，包括函数的名字、用途说明、参数格式等。这种方式类似于为模型准备一本厚重的“操作手册”，模型在使用任何工具前，必须先从中查找是否有合适的条目。

然而，正是这种“操作手册式”的机制，也带来了几个在实际工程中难以忽视的结构性问题。

1. 参数格式不统一：像是在操作多个插头不通用的设备

每个服务厂商使用的 JSON Schema 都不尽相同，就像不同国家的电源插头规格不一样。有的需要三插，有的需要两插，有的电压不同，电流不同，甚至颜色也不一样。

以“时间”字段为例，不同平台对时间数据的表示方式存在差异。有的平台要求使用 UNIX 时间戳（例如 1720507200），而另一些平台则采用 ISO 8601 格式的时间字符串（例如“2024-07-06T15:00:00Z”）。由于模型在调用函数时通常无法自动识别或转换这两种时间表示方式，因此若未明确指定格式，可能导致数据解析或接口调用失败。这种情况类似于旅行者在不同国家面对各式电源插座而缺少转接头的情境。

因此，开发者就得手动为每种参数格式设计转换逻辑，把“时间”翻译成每个服务所需的“方言”。这种重复劳动不仅烦琐，而且极易出错。

2. 接口变更成本高：像是每次修路都要改整张城市地图

在企业服务中，API 经常因为业务调整而发生变更，例如更换字段名、增加参数、修改响应结构。但函数调用机制中模型用的那本“说明书”不会自动更新，一旦外部服务发生变化，“说明书”里的内容就不准确了，模型照旧调用，结果自然是报错或数据异常。

这就像在城市地图中修了一条新路，或者封了一条老路，但发给导航助手的还是旧版地图。它既不知道有新路可走，也不知道哪条路现在是封闭的，结果只能傻傻地走错路。

而且这种更新过程完全依赖开发者手动操作，不仅效率低，还经常会遗漏某些细节，尤其在大型项目中可能造成级联故障。

3. 跨平台适配困难：像是每部电梯都有自己的一套按钮编号

OpenAI 的函数调用机制只适用于其自有模型系列（如 GPT-4、GPT-4o），而不适用于其他大模型（如 DeepSeek、文心一言、豆包、Gemini 等）。不同平台的函数调用接口彼此不兼容，相当于每家电梯制造商都规定自己的“楼层按钮编码”——有的用 A1、B2，有的用纯数字，有的干脆使用语音指令。

如果开发者想把一个 AI 助手从 A 平台迁移到 B 平台，就得重新设计一套按钮，重新贴标签，甚至重新教模型认识这些按钮的用法。无法通用，迁移困难，是当前函数调用机制的最大短板之一。

4. 多模型协同障碍：像是让多个机器人各带一本不同语言的说明书

在多模型系统中（如一个负责对话、一个负责搜索、一个负责执行任务），理想的状态是它们共享一套工具箱，共用同样的接口说明，就像几个工人共用一套工具标准。但现实是，每个模型只能读取自己那本“说明书”，这说明书不能分享、不能复用，导致工具接口定义冗余、多次注册相同工具、信息难以同步、接口版本混乱等问题。就像三个说不同语言的机器人，面对同一个“打印机”，却各自用不同的手势、语言、代码来操作它，效率低下且容易混乱。

3.1.3 实时性不足：依赖于预定义函数库，无法动态发现新工具

当前 OpenAI 的函数调用机制采用静态函数清单注册方式，要求所有可用函数在每次请求前由开发者完整定义，并通过“functions”参数发送给模型。这个机制的最大特点是——模型只“认识”告诉它的工具，它不会，也不能主动发现任何新工具或新服务。

这一设计在某种程度上，像是让模型在出门前背好一张工具清单，一旦出门，这张清单就是它全部的“知识”。如果中途出现了新的工具，或者后端上线了新的服务接口，这些对模型来说都是“不可见的”。

1. 无法动态发现新工具：像“图书馆永远不更新目录卡”

假设走进一家图书馆找书，但这家图书馆采用的是 20 年前的“卡片目录”系统，所有能借的书都写在目录卡上。一旦图书馆进了新书，管理员要手工更新卡片目录，否则借书人根本不会知道这些新书的存在。

函数调用机制就像这样的卡片目录：开发者在模型调用前一次性定义好“函数清单”（即目录卡），模型只能在这些函数中选择调用。如果在系统运行过程中新增了一个服务（例如一个新的数据分析 API），模型完全无法察觉，除非重启应用、重发定义、重新部署。这极大地限制了系统的灵活性和可扩展性。

2. 工具上线需重新部署：像“加一把螺丝刀要重建整个工具箱”

在实际工程环境中，工具接口经常根据业务需求进行变更。例如，添加新的数据源或业务模块，接入外部 API，如天气、汇率、知识图谱等，切换底层服务供应商。

在传统函数调用机制下，哪怕只是加一个新的函数，也必须修改前端调用逻辑，更新后端函数定义的 JSON，重新部署调用端系统，重新上传提示词，测试交互路径。

这个过程就像是每次要加一把螺丝刀，就要把整个工具箱拆开重新装一遍。对中大型系统而言，这不仅导致运维成本高，而且可能引发稳定性风险与上线延迟。

3. 函数数量与参数存在硬限制：系统像“只能带 128 个工具出门的工程师”

更实际的问题在于，OpenAI 当前对函数调用机制中的函数数量和总参数长度做了限制——据官方文档，每个模型请求最多允许定义 128 个函数，且参数总长度不能过大，否则将触发请求超限或上下文溢出。

这意味着，在复杂的多工具环境中，开发者需要精心筛选要暴露的工具，控制每个函数的描述长度与参数复杂度，在功能需求和系统容量之间反复权衡。

换句话说，这就像一个工程师外出执行任务时，只允许带 128 个工具上路。得提前想好哪 128 个最可能用得上，如果途中临时需要第 129 个工具，那就只能回去换箱，极不灵活。

4. 缺乏调用链自调整能力：无法按需组合工具或动态规划路径

在许多复杂任务中，系统需要根据实际情况动态组合函数，例如，先调用“客户历史查询”，根据客户行为调用“推荐模型评分”，若评分高于阈值，再调用“生成优惠券”接口。

这些步骤取决于上下文数据与中间结果，在传统软件架构中可以通过流程引擎或业务规则引擎动态执行。但在当前函数调用机制中，模型不具备“规划下一步调用”的结构化能力，每一步调用都必须显式写死，人工控制，且每一步都要重新提交函数清单并重建调用环境。

也就是说，模型没有“自主导航”能力，只能一格一格按铺好的轨道走。若路径稍有变动，模型就会脱轨或迷路。

5. 实时场景下表现滞后：像“菜单写死的自助点餐机”

可以把当前函数调用机制类比为一台菜单固定的自助点餐机。顾客只能选择菜单上已有的项目，如果厨房临时推出新菜，改了做法，点餐机不会自动更新菜单。要更新，就必须重启系统、换菜单、重新部署，如图 3-2 所示。

在面对企业系统中的实时数据接入、新业务试点、跨系统联动等场景时，这样的“写死菜单”机制显然无法满足“快速试错、按需扩展、敏捷上线”的要求。

图3-2 “菜单”更新不及时

小 结

总体来看，OpenAI 的函数调用机制确实是个很不错的设计，它把大模型和外部工具之间的“对话”标准化了，能在需要时拿出特定的工具来用。但如果从更复杂、更动态的实际应用角度看，这套机制还是有以下几个明显的短板。

1. 线性调用就像“一个人一次只干一件事”

模型一次只能决定要不要调用一个函数，不能自己组合多个步骤来完成一个复杂任务。就像让一个机器人做饭，它只会按顺序问“要不要洗菜？”“要不要炒？”，每问一次都得重新唤醒它，无法像真正的厨师一样一次计划好流程并分步骤执行。

2. 接口不统一像“每个插头长得不一样”

不同厂商定义函数的方法五花八门，就像每家公司都搞自己的插头和插座标准。想把一个 AI 模型接到多个外部服务上，就要做各种“转换头”适配，麻烦不说，还容易出错。尤其是需要在多个模型平台间迁移时，适配成本非常高。

3. 实时性差就像“用静态菜单点菜”

模型用的函数列表必须在请求前就写死，就像给它一份菜单，不在菜单上的菜它就看不到，也不会主动问有没有新菜品。要是中途加了一个新服务，比如天气接口、汇率数据，它根本发现不了，得手动重新部署更新才行。

换句话说，OpenAI 函数调用更像是“预设脚本 + 单步执行”，适合简单、确定性的任务。但在多工具联动、实时变化的复杂环境里，这种模式就显得有点笨了。未来更灵活的集成方式，应该像是“模型会主动翻工具箱找合适工具，还能边做边学”，这正是 MCP 这种协议正在尝试解决的问题。

3.2 插件机制的局限与 MCP 的突破

插件机制在传统软件生态中曾发挥关键作用，广泛应用于浏览器、开发工具、内容编辑器等系统中，作为扩展功能、增强用户体验的常用手段。其优势在于部署灵活、接入门槛低，便于第三方开发者丰富平台功能。

然而，进入 AI 应用场景后，尤其是在涉及大模型智能体、外部工具动态协同、多模型集成等复杂任务体系中，插件机制所依赖的“嵌入式、单进程、宿主耦合”架构逐渐暴露出严重不足。

这些局限不仅限制了 AI 系统的扩展性与安全性，也制约了其在企业级环境中的部署效率与可维护性。为此，MCP 协议提出了一种标准化、服务化、解耦化的集成框架，旨在突破插件机制的结构瓶颈，重构 AI 能力的连接方式。接下来将从扩展性、安全性、兼容性三个关键维度，系统分析插件机制的技术局限，并剖析 MCP 在实际应用中的创新突破与典型优势。插件与 MCP 架构对比如图 3-3 所示。

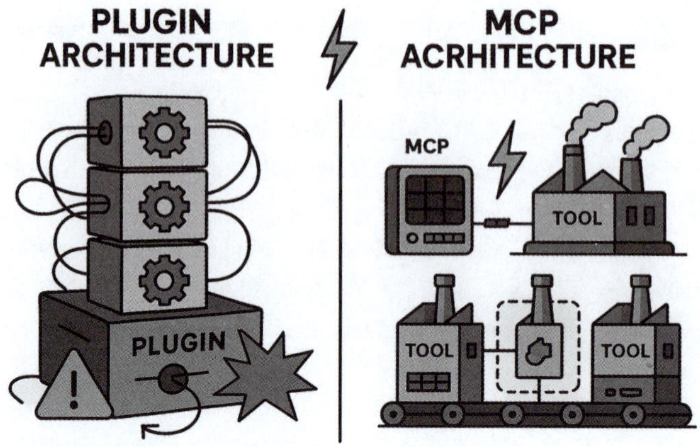

图3-3 插件与MCP架构对比

3.2.1 扩展性瓶颈

传统插件与宿主同进程、共内存，无法分布式扩展，主程序崩溃即全瘫。MCP 借鉴微服务，把工具拆成独立的 Server，支持在线注册、热插拔，实现故障隔离、弹性扩容和零停机更新。

1. 高度耦合，无法分布式扩展

传统插件机制要求插件必须与宿主软件运行在同一个进程中，共用同一块内存和资源环境，就像是在一台机器上加装扩展模块，它和主程序“绑在一起”，共享同一块内存，走的是同一条指令通道。这种方式虽然方便接入，但也意味着插件无法脱离宿主单独运行，一旦主程序崩溃，插件也随之停摆；如果想把插件移到另一台机器上单独运行，那几乎是做不到的。

而微服务架构就像是将原本一体化的大机器拆分成多个专业小机器人，每个“服务”负责完成自己的一项功能，各自有自己的运行环境、数据库和部署节点。它们之间通过标准化的网络协议进行通信，互不干扰、灵活组合。这种架构不仅提升了系统的弹性，也便于按需扩容与独立升级。例如在 Golang 社区就有广泛讨论指出：插件只是主程序的附属，无法单独生存，而微服务本身就是“可独立生存的服务单元”。

MCP 架构则更进一步，将微服务思想引入智能体工具管理体系中。MCP 采用清晰的三层分工结构：工具被封装为独立部署的 MCP Server，不再依赖主模型的运行进程；模型所处的执行环境由 MCP Host 管理，负责统一注册、发现和调用这些 Server。

这一机制让模型与工具之间不再是一种“插件挂靠”关系，而是“服务协作”关系，大大提高了系统的分布式能力、运行稳定性与弹性扩展能力。特别是在需要多工具协同、任务并行执行的场景中，MCP 的这种结构优势尤为突出。

2. 热插拔能力弱，更新成本高

插件机制在更新与维护上缺乏灵活性，大多数平台（如 WordPress、Grafana 等）都要求用户手动执行安装、卸载和升级操作，就像是每次给汽车换一个零件都必须停下车、开盖检查、手工更换。这不仅过程烦琐，而且极易因操作不当或版本冲突引发系统问题。而且，插件更新后的兼容性风险极高。比如 WordPress 中的插件在平台升级后容易与核心系统版本不匹配，导致页面错乱、功能缺失；Grafana 的可视化插件在版本切换时可能因 API 接口变化而引发前端报错或图表加载失败。这些问题在社区中经常遇到，许多开发者对“插件更新后崩溃系统”的现象表示头疼，相关问题的帖子常年高居技术论坛讨论榜首。

这种机制的根本问题在于——插件像是“焊死在设备上的扩展板”，每次换件都得断电停机、拆卸重装，没有所谓的“热插拔”能力。尤其在生产环境中，稍有不慎就可能造成整个平台服务中断，维护成本高，风险也高。

相比之下，MCP 机制则提供了一种更加动态和敏捷的工具管理方式。通过构建统一的注册表与协议服务器，MCP 实现了工具的运行时注册、注销和调度管理。具体来说，工具以“MCP Server”的形式存在，可以随时上线，即插即用；随时下线，即时失效，不需要重启模型，不需要重构提示词，更不需要重新部署应用。

这就像是一个高度自动化的智能工具平台：工具就像“应用商店中的 App”，只要上线成功，系统即可发现并调度它；一旦工具被禁用或下线，系统会立即从可调用工具集中移除，避免调用错误。

这种机制大大提升了工具生态的维护效率与系统响应能力，尤其适用于以下几类场景。

- 场景一：需要频繁上线新接口、接入第三方工具的项目。
- 场景二：企业级多部门协同下的工具统一调度平台。
- 场景三：依赖版本升级、灰度发布、A/B 测试的 AI 能力平台。
- 场景四：要求不中断服务的生产级 AI 智能体系统。

MCP 支持通过统一协议实现工具注册、更新、注销等完整生命周期的动态管理，彻底告别了“靠人工维护插件列表、靠重启解决兼容问题”的传统做法。

3.2.2 安全性脆弱

传统插件与宿主同进程共享权限、内存，权限滥用、崩溃即系统全瘫；MCP 将工具封装为独立 Server，通过 RBAC 细粒度授权、容器隔离、全程审计，实现零信任、沙箱运行且故障不蔓延。

1. 权限控制缺失，风险集中

由于传统插件运行于宿主环境中，通常共享宿主应用的全部或大部分执行权限。这种设计方式虽然带来了开发与运行的便捷性，却也带来了严重的安全隐患。例如，在浏览器生态中，大多数扩展程序（如 Chrome Extension、Firefox Add-on）默认具备访问用户浏览历史、文件系统、网络请求、剪贴板内容等敏感资源的能力。一旦插件权限边界未合理限定，或开发者安全意识薄弱，便可能造成恶意操作、信息滥用甚至用户隐私泄露。

根据安全机构对主流插件市场的长期监测，超过 50% 的浏览器扩展存在“权限过度申请”或“静默调用敏感接口”等风险行为；其中部分插件由于代码缺陷、依赖包投毒或版本更新管理不善，甚至成为攻击者植入后门的跳板。用户在不知情的情况下，可能因一个看似无害的界面美化插件而遭遇账户信息泄露或远程代码执行攻击。

MCP 架构在能力封装与访问控制上采用了“零信任”理念与细粒度权限划分机制。每一个 MCP Server 组件在设计之初就不被默认信任，而是需要在明确授权与规则校验的前提下才可对外暴露功能。具体而言，MCP 通过集成基于角色的访问控制（Role-Based Access Control,RBAC）策略，将每类外部能力细分为多个可配置权限域。例如：

- 某个文件系统 Server 仅可访问指定路径下的“.md”和“.pdf”文件；
- 某个 API 调用 Server 只能触发“GET/user/info”和“POST/report/upload”两类接口，其他均被默认拒绝；
- 某个数据分析 Server 只能读取“sales_data_2025”表，禁止任何写操作。

在实际运行过程中，用户需在任务发起前完成一轮基于角色身份的授权配置，并可通过 Token、OAuth 2.1 或 MCP 内置的身份认证机制，动态控制 Server 能力是否激活、调用频率是否超限、敏感参数是否加密。任何权限变更或能力调用行为，都会自动写入 MCP Host 侧的“调用日志中心”，用于审计追踪与事后追责。

这种“能力封装即权限边界”“调用即记录”的安全范式，使得 MCP 不仅在结构上实现了“逻辑隔离”，更在运行层面构建了“可管、可控、可审计”的能力管理体系，从根本上避免了传统插件机制下“权限共享即风险传染”的系统性脆弱性。这种做法就像是在每间办公室门口装了一道门禁和摄像头——谁进了门、干了什么、什么时候离开，全都有记录，清清楚楚、可查可控。

2. 崩溃风险高，隔离性差

因为传统插件机制中，插件与宿主程序运行在同一个进程中，共享同一块内存空间和操作系统资源。所以这种看似紧密集成、效率高的模式，实际上存在极大的不稳定性和安全隐患。可以想象成“合租一间没有隔墙的房子”，插件就像住在同一个屋子里的室友，虽然能一起共享厨房、水电和 Wi-Fi，但如果室友突然烧坏电路、打碎水管，甚至在厨房煮出了毒气，整间屋子都要陪着出事。也就是说，一旦插件崩溃、死循环，甚至被注入恶意代码，整个主程序都有可能跟着崩溃或被攻破。

而且由于插件与宿主在同一进程中运行，出了问题很难快速定位到底是哪个模块出错，就像不知道是电饭锅短路还是微波炉爆炸，只看到整栋房子停电，排查与修复都变得困难重重。这也是为什么在浏览器、IDE 等插件生态中，“插件冲突致崩溃”成为一种长期存在、屡屡被社区用户投诉的现象。

而 MCP 架构采用了完全不同的方式来避免这种“同室操戈”的风险：它将每一个工具（即 MCP Server）部署在与主模型进程完全隔离的独立环境中，可以是单独的操作系统进程，也可以是 Docker 等容器环境。主模型运行的 MCP Host 只是通过网络协议（如 HTTP、stdio）与 Server 通信，彼此之间“逻辑隔离、数据隔离、运行隔离”。

这种机制就像把每个工具单独安排在一间带监控和防火墙的独立办公室，即便某个工具“出故障”或者“着火”，也不会波及模型本体所在的主系统。MCP Host 只需关闭出问题的服务，主程序照常运行，系统的整体鲁棒性与故障容错性大幅提升，极大地增强了系统的稳定性和可靠性。

此外，由于 MCP Server 通常部署在容器中，还可以进一步采用业界成熟的安全策略进行防护。例如 seccomp、容器网络隔离、最小权限策略等。

- seccomp：限制容器内可调用的系统调用类型，防止非法访问底层系统资源。
- 容器网络隔离：将工具服务的网络访问范围严格限定，避免数据外泄或跨服务渗透。
- 最小权限策略：MCP Server 仅能访问其权限范围内的数据与接口，避免“用不到的权限成为攻击入口”。

这些安全机制共同构建出一个“沙箱化、可控化”的运行环境，即便个别工具被攻破，其影响范围也被严格封闭在“可承受”的边界内，彻底克服了传统插件模式下“同舟共济”的结构性弱点。

3.2.3 兼容性挑战

在传统软件架构中，插件机制常被视为“轻量级扩展”的便捷方式，允许用户在主系统之上加载功能增强组件。但正是这种“嵌入式结构”与“版本紧耦合”的设计，使插件在多平台、跨版本、多模块协同等场景中面临极为突出且棘手的兼容性挑战。

1. 平台版本捆绑严重：就像每次换手机就得重买充电器

大多数插件必须与其宿主平台版本严格匹配，主程序稍有升级，插件就可能不兼容。比如在 WordPress 中，每次版本更新后，常见现象包括：页面组件无法显示、部分按钮失效、管理后台崩溃等；Grafana 中许多可视化插件在核心 API 更新后，图表加载失败、样式错乱，成为用户投诉的“重灾区”。

这种情况，就像每个手机品牌都有自己独特的充电接口型（Mini-USB、Type-C、Lightning），一旦更换设备，老配件立刻作废，用户只能重新购买适配器。插件如果不能自动适应平台的变化，每次系统更新后，开发者都要“跟着大修一次”，不仅浪费时间，还容易因“更新不及时”而导致服务中断。

2. 依赖冲突频繁：像在厨房装了两个炉灶却用的是不同气源

当多个插件同时加载运行时，它们可能各自依赖于同名但不同版本的底层库文件（如 JS 库、样式表、辅助函数），这些版本之间往往不兼容，导致函数覆盖、事件冲突、渲染异常等问题。

WordPress 社区中，关于插件之间 JavaScript 冲突的案例数不胜数。例如，某个 SEO 插件加载了较新版本的 jQuery 库，而另一个页面构建器仍使用旧版，结果前端按钮功能全失，甚至表单无法提交。

这就像在厨房里装了两个不同品牌的燃气灶，一个用天然气，另一个用液化气，但共用一套管道系统——轻则无法点火，重则气体混合爆炸，风险极高。系统必须承担所有插件间“博弈”的代价。

3. 生态兼容性差：像搬家时每件家具都要重新定制

传统插件体系普遍缺乏统一的协议、注册目录或能力声明标准。不同平台（如浏览器、VSCode、Eclipse）之间的插件规范各自为政，代码结构、调用方式、沙箱权限、生命周期管理完全不一样，导致插件几乎无法跨平台复用。

举个例子，想把一个在 Chrome 浏览器中运行良好的插件迁移到 VSCode，开发者往往要重新开发一套“绑定层”，包括事件监听机制、接口包装器、样式兼容处理，甚至重写业务逻辑。这种“跨平台迁移即从头开发”的现实，极大地增加了项目成本。

就像搬家时发现：沙发进不了新房门、餐桌不符合新厨房尺寸、窗帘与新窗户不匹配——所有东西都要重买，搬家变成了装修工程。插件系统同样陷入了这种“生态碎片化”带来的高重复、高摩擦、高维护成本的陷阱。

因此，传统插件机制在架构层面并未考虑“跨平台、多模型、多服务协作”的长期需求，其兼容性难题随着系统扩展、模型多样化而日益显著。它从便利的“扩展手段”逐渐演变为“升级阻力源”，成为现代 AI 系统演进过程中的结构性瓶颈。

而像 MCP 这样的架构设计则以“标准协议 + 解耦结构 + 工具描述元数据”的方式，试图摆脱插件所依赖的宿主平台与接口的绑定关系，从根本上解决兼容性焦虑问题。

小 结

插件机制曾是传统软件世界中功能扩展的“万能钥匙”，但在 AI 时代，它的局限性逐渐暴露无遗。其“嵌入式、强耦合”的结构使系统如同一台“无法拆解的大机器”，既难维护又难扩展，一旦出故障就可能“牵一发而动全身”。

从扩展性看，插件像焊死在主机上的零件，更新困难、不能热插拔，缺乏分布式部署能力；从安全性看，插件与宿主共用进程和权限，就像与陌生人合租无隔断公寓，任何“越界行为”都可能殃及整个系统；从兼容性看，不同平台的插件标准各自为政，就像每家电器品牌用不同插头，不仅不通用，还加重了迁移与适配负担。

而 MCP 的出现，提供了一种彻底“解耦、模块化”的替代思路。它将所有工具封装为独立的 Server 组件，运行在受控环境中，通过标准协议与模型通信，相当于将“插件”从宿主中解放出来，变成可以随时插拔的“智能外设”。不再是“紧绑主机的外挂”，而是“自由调度的服务”。

更关键的是，MCP 还内建了动态注册机制、精细化权限控制、跨平台适配能力，使得 AI 系统在结构上更灵活、在运行上更安全、在扩展上更自由。

可以说，插件机制像是曾经的“功能小配件”，而 MCP 则像是新时代的“智能协作总线”。前者是“堆砌式改装”，后者是“标准化组装”。当 AI 系统步入多模型、多任务、跨平台并行的时代，MCP 无疑提供了更具工程价值、更面向未来的架构路径。

3.3 LangChain、Agent 等生态工具的适配价值

在多智能体系统迅速发展的背景下，LangChain 作为主流 Agent 框架与 MCP 协议深度融合，正重塑大模型与工具之间的连接范式。自 2024 年起，LangChain 官方陆续推出多款 MCP 适配器，支持将 MCP Server 作为标准 Tool 接入 Agent 工作流，并兼容多种通信协议（如 HTTP、SSE、stdio）。这种集成方式不仅简化了工具封装与调用流程，更显著提升了任务编排效率与多模型适配能力。例如，在某银行的落地案例中，通过 MCP 连接十余个工具接口，智能体无须理解底层逻辑即可完成复杂风控评估，整体效率提升达 22%。MCP 的状态管理能力还为智能体之间的任务协作提供支持，形成稳定的上下文闭环。可以说，MCP 正在成为“语言模型→工具执行”的下一代标准化集成协议，为多智能体生态注入关键的底层能力。

3.3.1 标准化能力注册机制

MCP 协议在智能体系统中扮演着类似“万能转接头”的角色，它通过定义统一的接口标准，使不同来源、不同功能的工具都可以以相同的方式接入 LangChain

这一多智能体框架。就像现代插座系统中采用通用接口后，用户不再需要为每种电器准备专属转接头，开发者也不再需要为每一个工具单独“定制插孔”。

具体来说，过去在接入外部功能时，例如一个天气查询服务或一个企业内部的报表生成工具，开发者通常需要手动编写适配器代码。这些代码用于告诉智能体该如何调用这个工具，如何处理输入和输出，以及如何应对可能的错误。每增加一个工具，开发工作量就会线性增长，调试和维护成本也随之上升。

而 MCP 协议的引入改变了这一模式。它将所有工具的接口格式、参数规范、通信方式进行了统一定义——开发者只需按照 MCP 标准将工具封装为“工具服务器”（MCP Server），系统即可在运行时自动识别这些工具，并将它们注册为 LangChain 框架中可以直接调用的标准“Tool”。

以 LangChain 官方推出的 langchain_mcp 模块为例，开发者只需提供 MCP Server 的地址与元信息，就能一键完成接入。这就好比将不同功能的电器都接入统一的插排，系统不再需要逐一识别它们的结构和用法，只需“通电”即可使用，极大地简化了开发流程和系统集成的复杂度。

这种标准化注册机制带来的好处非常直接：一方面，开发效率显著提高，不再需要“每接一个工具就造一次轮子”；另一方面，工具的复用性和扩展性也得到了加强。同一个 MCP 工具可以被多个模型、多个智能体系统复用，而无须进行任何重构。

此外，从维护角度看，这种机制也降低了系统的复杂度。如果某个工具需要替换或升级，只需在 MCP 层进行更新，LangChain 框架中的调用逻辑无须做出任何改动。这种“抽象屏蔽底层”的设计理念，和现代操作系统的驱动模型类似——设备更新不影响系统整体运行，维护工作被限制在最小范围之内。

因此，MCP 通过其标准化的注册机制，为智能体系统提供了一种低耦合、高复用的集成模式，使得 LangChain 不仅更易用、更灵活，也更易于构建大规模、跨平台的智能体网络。它是通向未来多智能体生态系统的关键“总钥匙”。

3.3.2 多模型适配：解耦模型与工具，提升生态兼容性

在多模型智能体系统中，不同的大语言模型（如 OpenAI 的 ChatGPT、Anthropic 的 Claude、百度的文心一言、开源模型 DeepSeek 等）就像是不同品牌的“智能中枢”。而每个模型的“语言”与接口都不尽相同，过去若要让它们调用同一个工具，就像是让一群不会说同种语言的人使用同一个遥控器，往往需要开发者为每种模型量身打造一套专用操作手册。这不仅增加了开发工作量，还使得工具的可复用性大打折扣。

MCP 协议的核心突破就在于：它把工具的调用方式标准化了，同时将工具与

模型“解耦”。就像设计了一种通用的“遥控协议”，无论是哪一种“中枢大脑”（语言模型）来操控，只要遵守 MCP 协议，就能准确无误地控制目标工具。这种机制极大地提升了多模型系统的适配性和可组合性。

MCP 协议并不依赖于某个特定的大模型，它仅要求模型在调用工具时能遵循协议定义的调用结构和数据格式。这意味着，开发者只需将工具部署为 MCP Server，无论是在 LangChain 中用的是 GPT-4，还是 Claude 3、DeepSeek R1 等模型，都可以通过同一个“接口规范”来调用该工具，无须重复适配逻辑。

这种模式不仅在 LangChain 的主框架中得到了验证，也延伸到了 Java 语言生态中。例如，LangChain 的 Java 版本 LangChain4j 已经正式支持 MCP 的通信能力，使得 Java 工程师也能便捷地在自己的项目中构建 MCP 智能体系统。这就像给 Java 社区也发放了一张通往“多模型工具互联世界”的通行证。

在实际开发中，这种多模型适配机制的优点非常明显。

- 优点一：开发者可以根据业务场景灵活选择最合适的大模型，而不必担心工具接口重写。
- 优点二：企业可以构建更具弹性的多智能体系统，不受制于某一家模型提供商。
- 优点三：工具本身的生命周期更长，能在多个模型和框架之间复用，不再“只为一个模型服务”。

可以说，MCP 在“模型 - 工具解耦”上的设计，就像把智能体系统从“单轨列车”升级为“高速铁路网”。对于 LangChain 而言，这种跨模型适配能力，正是它能够成为下一代 AI 智能体开发基座的重要基石。

3.3.3 任务编排效率显著提升：从逻辑调用到接口调用

在传统的 AI 集成中，模型在执行复杂任务时，往往需要“理解”各个系统的业务逻辑、参数规范与数据结构，才能准确调用目标工具。这就像一个新员工在接手任务前，必须先熟读每一份流程手册、弄懂每个系统的操作规则，才能逐步完成整个流程，既费时又容易出错。

而 MCP 协议相当于提供了一套标准化的“任务遥控器”：只要模型知道按钮的位置，就能完成任务，不必了解每一个“机器”背后的结构原理。这一“从逻辑调用转向接口调用”的范式转变，大大降低了任务编排的复杂度，也显著降低了出错率。

以某银行的智能风控系统为例，过去的模型若要完成一项完整的风险评估任务，可能需要分别与身份验证系统、信用评分引擎、反欺诈平台等多个后端服务交互，并处理这些系统返回的异构数据。每一步调用都像是在迷宫中摸索前进，系统逻辑耦合度高、响应时间长、维护成本高。

引入 MCP 之后，整个风控智能体系统被重构为“模型 + 工具”的双层架构：模型负责理解任务目标和调度逻辑，具体执行操作则交由注册在 MCP Server 中的 10 多个工具（如数据抓取、特征提取、规则判断、模型推理等）完成。模型不再需要掌握每个系统的复杂细节，只需发出标准化的“调用指令”即可。这就像模型只需要说“去取征信报告”“分析交易行为”，MCP 负责将这句话“翻译”成各系统能理解的具体动作。

根据实际统计数据，这一重构不仅减轻了模型的负载，还使整个系统的执行效率提升了约 22%。这一效率的提升来自两个方面。

- 第一方面，接口抽象带来的编排简化：任务被拆解为统一格式的“接口调用单元”，大大降低了任务流程管理的复杂性。
- 第二方面，执行层隔离带来的并发性能优化：各 MCP 工具可以独立并发执行任务，避免了模型单线程阻塞等待的性能瓶颈。

更重要的是，这种模式还提升了系统的可维护性和可扩展性。新增工具只需注册到 MCP Server，不需要修改模型的核心逻辑；若某工具出现故障，也不会影响整个系统运行，具备天然的“热插拔”与“故障隔离”能力。

3.3.4 协同式智能体架构支持：构建闭环交互系统

在传统的智能体系统中，每个 Agent 更像是“单兵作战”的机器人：它能完成某项任务，但彼此之间的信息流动与协作极为有限，常常陷入“各做各的，互不搭理”的割裂状态。尤其在需要多智能体协作的复杂场景中，如客户服务、金融风控、医疗诊断等，多任务、多角色的并行处理需求愈发明显，传统架构便显得力不从心。

而 MCP 协议的状态管理机制，就像给智能体之间架起了一座“共享指挥中心”，使得它们可以在任务执行过程中实时交换上下文、同步目标状态、共享执行结果，真正构建起“任务拆解 - 调用 - 反馈”的闭环交互系统。这种能力是构建多 Agent 系统的基础，也是智能体迈向自治协同的关键一步。

类比来看，如果说没有 MCP 的智能体系统是一支“没有总指挥的乐队”，那么每个乐手各自演奏，很容易跑调；那么有了 MCP 之后，这支乐队多了一个总指挥（MCP Host）和标准乐谱（协议机制），不仅能保持同步节奏，还能根据不同段落动态分配演奏任务，从而实现真正的合奏。

以下几个方面体现了 MCP 在协同式智能体架构中的关键价值。

1. 状态共享机制：避免“任务断点记忆缺失”

在传统 API 调用中，任务状态通常由调用方维护，一旦模型发生上下文切换或中断，任务状态就难以恢复。而 MCP 引入状态持久化机制，使 Agent 在运行时的中间状态（如参数结果、子任务进度、调用链路）可以持续保留并在后续环节中共享。例如，任务 A 生成的结构化中间数据可作为任务 B 的输入，完成自然衔接。

这就好比多人接力跑，传统方式是“口头交接”，容易遗漏细节，而 MCP 就像在每一棒传递中附带完整的“任务接力单”，确保后续 Agent 能迅速接入。

2. 支持异构 Agent 协同：实现“任务流水线”式联动

借助 MCP 协议，LangChain 或其他框架可以将不同功能的 Agent 注册到系统，比如一个 Agent 擅长文本理解，另一个擅长结构化数据处理，第三个负责可视化呈现。借助标准化接口，这些 Agent 可以通过 MCP 共同参与任务的执行过程，实现智能体之间的专业化协作。

以金融领域为例，一个用户提出“帮我分析本季度营收异常原因”，可由三个智能体通过 MCP 协议共享上下文和中间结果，自动完成整个分析任务，无须人工干预。

- Agent A，调用数据分析工具生成报表。
- Agent B，分析报表，识别问题维度。
- Agent C，结合历史案例，生成策略建议。

3. 构建分布式智能体网络：提升系统弹性与扩展性

MCP 支持将智能体部署在不同的进程、服务器甚至跨地域环境中，只要遵守 MCP 协议，就能在系统内被动态发现与调用。这意味着，智能体可以像“云服务”一样自由组合、分布式部署，系统规模不再受限于单机性能。

这就像从“局域网中的对讲机”升级成了“全球通用的网络通信协议”，使得构建跨部门、跨系统、跨地域的 AI 协作网络成为可能。

3.3.5 LangChain 与 MCP 的深度集成

在构建现代 AI 应用的过程中，工具的多样性和平台的复杂性往往成为“智能整合”的主要障碍。就像修建一座高效运转的城市，必须统一道路宽度、电力接口、建筑标准一样，AI 系统的快速发展也急需一套标准化的“接口语言”来实现工具之间的高效连接与协作。而 LangChain 与 MCP 的深度集成正是在这一趋势下诞生的关键成果。

LangChain 是当前最具影响力的智能体框架之一，支持多种大语言模型（如 ChatGPT、Claude、Gemini、DeepSeek 等），并以其灵活的 Tool 体系与任务编排能力受到开发者的广泛青睐。而 MCP 则是一种旨在统一模型与工具之间通信规范的新型协议，专注于解决“模型调用工具”的标准化问题。两者的结合，构建出一套高度模块化、可扩展、易接入的 AI 系统架构。

小 结

在多智能体时代逐步成型的今天，如何构建一个高效、稳定、可扩展的智能体系统，已成为 AI 开发的核心挑战。MCP 的引入，正是在“多模型、多工具、多任务”交互日益复杂的背景下，提供了一种通用、标准化的集成路径，其与 LangChain 的深度融合，正在成为智能体开发的新范式。

可以将传统智能体系统比作“各自为政的职能小组”，每个智能体需要自己了解工具的使用方式、沟通接口、处理细节，既耗时又易出错。而 MCP 则像是为整个系统引入了一套“统一操作语言”和“任务调度规则”，让所有工具都听得懂、接得上，模型也只需“发出指令”，不必“亲力亲为”。

从注册机制来看，MCP 就像是智能体的“标准电源插座”，工具接入即用，无须反复改造电线；从多模型适配来看，它像是“跨语言同声传译器”，让不同品牌的大模型都能准确控制同一工具；从任务编排来看，MCP 提供的“标准遥控器”显著提升了系统运行效率；而在多 Agent 协作层面，它通过状态管理机制搭建“任务接力台”，实现了信息共享、上下游衔接与并行执行；更重要的是，这一切都建立在一个高度模块化、可插拔、可审计的架构之上。

简言之，MCP 不是一个“附加组件”，而是一种“连接范式”的重构。它不仅让 LangChain 这样的智能体框架如虎添翼，也让整个 AI 生态具备了“高性能操作系统”级别的稳定性与兼容性。正如 USB 协议之于硬件生态，MCP 正成为 AI 智能体生态中连接“语言与能力”的关键协议基座，为构建未来智能网络提供底层逻辑与标准支撑。

3.4 标准协议的优势与应用边界

在当前 AI 系统的发展中，REST 和 gRPC 作为主流的通信协议，因其成熟度和广泛支持而被广泛采用。然而，随着 AI 应用场景的不断扩展，尤其是在动态调用、智能集成和跨平台适配方面，REST 和 gRPC 的局限性逐渐显现。为此，MCP 成为 AI 领域中一种重要的协议创新，旨在解决传统协议在 AI 场景中的不足。

3.4.1 REST 与 gRPC 的典型局限性

REST 和 gRPC 在 AI 系统中虽然具有良好的扩展性和灵活性，但在面对复杂、动态的 AI 应用需求时，暴露出以下问题。

- 接口抽象：REST 基于资源的接口设计不适合意图导向的调用，例如“分析

+总结+生成报告”这类多步骤任务。而 gRPC 虽然支持强类型定义，但其接口设计仍以服务调用为主，缺乏对意图的抽象支持。

- 类型系统：REST 使用弱类型（如 JSON），而 gRPC 使用强类型（如 Protocol Buffers）。弱类型系统在动态工具加载和变更服务定义时存在明显不足，导致开发效率低下。
- 安全管理：REST 和 gRPC 通常依赖 OAuth2 或 mTLS 等外部安全机制，缺乏统一的权限控制标准，兼容性差，难以满足 AI 系统对高安全性的要求。
- 数据格式：REST 使用 JSON，gRPC 使用 Protobuf，两者在带宽消耗上均较大，尤其在 AIoT 等低功耗设备场景下，效率低下。
- 状态支持：REST 和 gRPC 都是无状态的，无法维护上下文，影响多轮推理和复杂任务的执行。

3.4.2 MCP 的协议级创新点

MCP 作为 AI 领域的新型协议，通过一系列创新点解决了上述问题，成为 AI 系统中“智能集成”的专用协议补强。

通信效率优化：MCP 采用二进制格式（如 MessagePack、BSON）进行通信，相比 JSON 和 Protobuf，带宽效率显著提升，适用于 AIoT 等低功耗设备。

动态工具发现与调度：MCP 支持注册表和自动发现机制，允许 AI 模型在运行时动态调用外部工具，无须预定义接口，极大提升了灵活性。

统一安全架构：MCP 内建 RBAC（基于角色的访问控制）、TLS 加密和零信任访问控制，提供统一的安全机制，并解决了传统协议在安全控制上的不足。

上下文状态管理：MCP 每次调用可携带完整的上下文记录和身份认证信息，支持长周期智能任务的执行，解决了传统协议在状态管理上的缺陷。

3.4.3 MCP 的应用边界与适用场景

尽管 MCP 在 AI 领域展现出显著优势，但其适用性也受到一定限制。根据现有资料，MCP 的适用场景和局限性如下。

场景类型	适配性	说明
金融风控	√	实时数据分析与多源调度，高安全要求，MCP 的统一安全机制和上下文管理能力非常适合此类场景。
医疗辅助诊断	√	工具可信调用、数据私有化部署，MCP 的动态工具发现和安全机制能够有效支持医疗 AI 应用。
智能制造	√	工厂边缘设备接入，MCP 的轻量化部署特性突出，适合智能制造场景。
IoT 极低功耗设备	⚠	协议栈偏重，需简化部署适配，MCP 在资源受限的 IoT 设备中可能面临性能瓶颈。
内网微服务通信	⚠	若无多模型、工具调用需求，则非刚需，MCP 的优势在无实际需求时难以体现。

小 结

MCP 作为 AI 领域的新型协议，通过标准化接口、动态工具调用、上下文管理等机制，显著提升了 AI 系统的集成效率和灵活性。它在金融、医疗、智能制造等高安全、高复杂度的场景中展现出巨大潜力，成为 AI Agent 技术落地的重要支撑。然而，MCP 并非万能，其适用性受限于资源消耗、开发复杂度和生态成熟度等因素。未来，随着 MCP 生态的不断完善和企业级治理策略的推进，MCP 有望在 AI 领域发挥更大的作用，推动 AI 系统向更智能、更安全的方向发展。

第4章

开始使用 MCP：开发环境与基础工具

学任何一门新技术，最头疼的往往不是“怎么用”，而是“怎么开始”。就像刚买了一台新咖啡机，摆在桌上很高级，但得先知道插哪根电线、用哪种咖啡粉、怎么清洗滤网，不然再高级的机器也只能当摆设。MCP 也是一样的。

这一章，就是带领开发者把“咖啡机说明书”翻开，搞定从环境搭建、工具安装，到跑通第一个 MCP 服务的全过程。在这里，开发者会学到怎么用 Python 或 TypeScript 装好开发引擎，如何一键跑起一个最简单的“智能体小服务”。还会教开发者怎么用 MCP Inspector Dev CLI 和 MCP Web UI 连上这些服务，让 AI 像操作遥控器一样使用工具。最后，还有个超实用的调试神器——MCP Inspector，能清清楚楚地将每一次调用到底做了什么、哪儿出了错呈现在眼前。不讲深奥的原理，只管把 MCP 跑起来。搞定这一步，才真的算是上道了。

4.1 MCP 开发环境配置

在使用 MCP 协议构建智能体系统之前，首先需要搭建一个稳定、兼容的开发环境。这一过程并不复杂，但涉及多个系统组件和依赖项的协调配置。如果说 MCP 是一种“连接模型与工具的通信语言”，那么本节所介绍的开发环境，就相当于让这套语言能顺利“开口说话”的基础设施。配置得当，后续的 SDK 安装、示例运行、调试测试才能顺利展开。

4.1.1 系统与硬件要求

MCP 开发环境具有良好的跨平台兼容性，支持主流的桌面操作系统。根据当前 MCP 社区推荐的开发实践，建议读者的设备满足以下最低要求。

1. 操作系统

支持 macOS、Windows 和 Linux 系统。由于部分依赖工具（如 uv、MCP Web UI）在 macOS 环境下具有更完善的兼容性，建议优先在 macOS 系统中进行初次部署。

2. 内存要求

建议至少配备 4GB 内存，推荐 8GB 及以上，以确保 MCP Server、Inspector 等组件并行运行时保持流畅。

3. 磁盘空间

建议预留至少 10GB 可用空间，用于安装 Python、Node.js、相关依赖包及示例项目。

4. 核心软件版本

核心软件主要有 Node.js、Python 和包管理器（uv）。

- Node.js：推荐安装 v18 及以上版本。MCP Inspector 依赖部分现代语法和 ES 模块支持，需确保版本不低于 v18。
- Python：建议使用 3.8 及以上版本，推荐使用 3.10 或更新版本以获得更好的异步兼容性。
- 包管理器（uv）：uv 是 MCP 官方推荐的 Python 依赖管理工具，支持一键初始化 MCP 项目结构，并内置 MCP CLI 命令。相比传统的 pip 或 poetry，uv 具有更快的解析和安装速度。

所有软件版本可通过命令行分别执行 node -v 与 python3 --version 进行校验。如需进一步验证 uv 是否正确安装，可执行 uv--version 检查输出是否正常。

4.1.2 开发工具推荐

一个良好的开发工具链不仅能提升编码效率，还能极大地简化调试流程。根据当前 MCP 开发者社区的通用实践，推荐以下工具组合。

1. 代码编辑器

推荐使用 Visual Studio Code 或 PyCharm。

- VS Code 插件生态丰富，轻量且支持多语言开发，适用于 Python 与 TypeScript 双栈项目。
- PyCharm 专为 Python 语言优化，适合以 Python 为主要开发语言的用户，支持 MCP 虚拟环境自动识别和断点调试。

2. 终端工具

推荐使用带有语法高亮与智能补全功能的终端，以提升输入效率与使用体验。

对于 macOS 用户，iTerm2 是被广泛推荐的终端工具，支持多标签、历史记录快速搜索、自动补全等功能，适用于开发者长时间高频操作。结合 zsh 和 Oh My Zsh 插件体系，可实现命令提示、Git 状态显示、路径快速跳转等增强功能。

Windows 用户建议使用 Windows Terminal，该工具自带多标签支持，并兼容 PowerShell、WSL 和 CMD 等多种终端环境，适合需要在不同子系统间切换的开发者。对于需要运行 MCP Python SDK 的用户，可在 WSL 中配置 Linux 环境并使用 bash 终端，以获得更高的兼容性和脚本一致性。

无论使用哪种平台，均建议搭配 zsh 或 bash 作为默认 Shell 环境，并配置自动补全、路径提示、虚拟环境激活等快捷命令，以降低重复输入成本。

3. 调试工具

MCP Inspector 是 MCP 协议官方提供的可视化调试与监控工具，用于辅助开发者实时查看 MCP Server 的调用过程。它在开发调试阶段扮演着"调用日志面板 + 交互测试平台"的双重角色，是整个工具开发闭环中极为关键的环节。具体功能如下。

- 请求追踪：展示来自 Host 或客户端的每一次请求详情，包含工具名称、输入参数、调用时间、响应时长等关键数据。
- 响应结果查看：以结构化的 JSON 格式呈现 MCP Server 返回的完整响应，便于验证函数输出逻辑是否符合预期。
- 错误诊断：若工具发生运行异常，Inspector 会记录堆栈信息、错误代码及异常详情，辅助快速定位问题来源。
- 工具调试模拟：支持开发者手动构造输入参数，测试 MCP 工具在不同条件下的执行结果，无须启动完整 Host 即可进行局部测试。

Inspector 的安装与运行方式将在“第 4 章 4.4 包管理器（uv）”中详细讲解，包括其与 MCP Server 的集成方式、访问地址、调试流程以及常见问题的处理方式。建议读者在完成基本项目搭建后优先掌握该工具的使用方法，以提升开发效率与系统稳定性。

小 结

通过本节的开发环境配置指南，读者已经具备构建 MCP 智能体项目的基础。无论是操作系统、Python 与 Node.js 等核心依赖的版本选择，还是终端与编辑器的推荐组合，乃至 MCP Inspector 作为调试核心工具的初步认识，这些要素共同构成了后续开发流程中不可或缺的支撑。只要按本节所述逐步配置好本地环境，就能为 MCP SDK 的安装、示例项目的运行和工具的调试打下稳固的基础，后续章节也将在此基础上持续深化。

4.2 安装官方 SDK（Python、TypeScript 等）

MCP 协议支持多种开发语言，最常用的是 Python SDK 和 TypeScript SDK。安装这些 SDK 不仅仅是“下载一个库”，它还包含虚拟环境的创建、依赖管理工具的配置、SDK 本身的安装与验证等关键步骤。只要一步一步照做，就一定能成功运行。

下面分别介绍如何安装：Python SDK（适合构建 MCP Server 工具）、TypeScript SDK（适合开发前端或 Node.js 环境下的工具）以及其他语言支持（Java、Kotlin，适合企业后端集成）。

4.2.1 安装 Python SDK（推荐入门首选）

Python SDK 是当前 MCP 生态中应用最广泛的版本，适用于快速构建 Server 端工具、调试本地服务及开发原型系统。MCP 官方推荐使用 uv 作为依赖管理工具，以提升环境的一致性与安装速度。

1. 前置条件（请务必先确认）

在安装 Python 版本的 MCP SDK 前，请确保系统已正确安装 Python 3.8 以上版本，pip 已升级，并具备基本的构建环境（如 macOS 需装 Xcode CLI，Windows 需装 Build Tools）。推荐使用 venv 创建虚拟环境，确保依赖隔离，避免权限与路径冲突。如果要进行 Python 的安装，需要首先确认下面的前置条件已经满足。

（1）已安装 Python 3.8 以上版本。验证方式为在终端中输入：

```bash
python --version
```

当返回 Python 3.8.x 或更高版本时，说明安装成功。推荐使用 3.10 及以上版本。

（2）已安装 pip（Python 的包管理器）。验证方式为在终端中输入：

```bash
pip --version
```

当返回类似“pip 23.1.2 from C:\Python311\Lib\site-packages\pip (python 3.11)”这样的结果，说明已经安装成功。

（3）使用终端操作。macOS 推荐使用 Terminal 或 iTerm2；Windows 推荐使用 Windows PowerShell 或 Windows Terminal（请用管理员权限运行），如图 4-1 所示，即表示所有环境已经准备就绪。

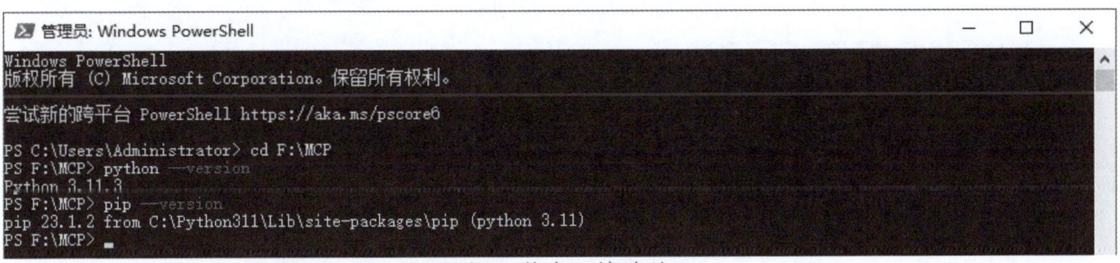

图4-1 基本环境确认

2. Python SDK 安装步骤

确认好上面的步骤完成后，就可以开始正式安装 Python SDK 了。

第一步：创建虚拟环境

在电脑上选择一个干净的工作目录。在本案例中则是在 F 盘的根目录创建了一个叫作 MCP 的项目文件夹，接下来的操作将会在此文件夹下进行。在终端中输入以下代码，随后终端显示如图 4-2 所示。

```bash
mkdir mcp-python-demo  # ①创建项目目录 mcp-python-demo
cd mcp-python-demo     # ②进入项目目录后续初始化都在此执行
```

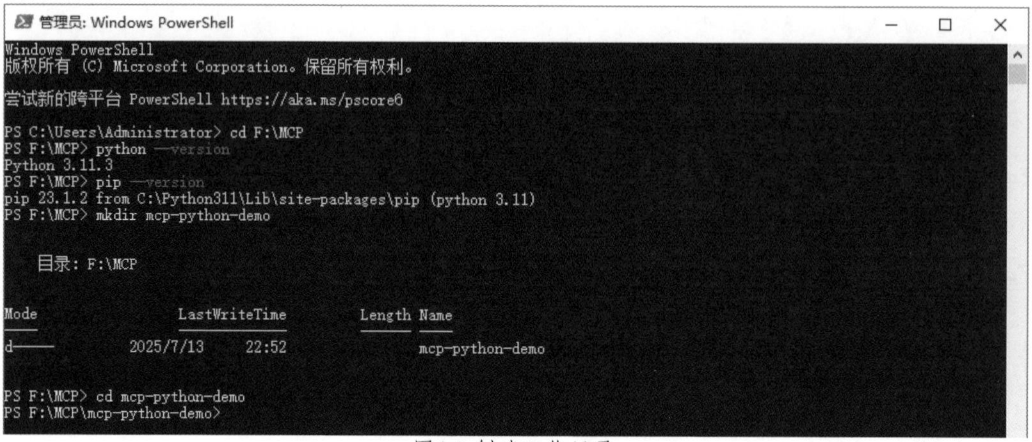

图4-2 创建工作目录

接下来，创建一个 Python 虚拟环境，用于隔离依赖。输入代码：

```bash
python -m venv mcp-env  # 使用 Python 内置的 venv 模块创建虚拟环境，目录名为 mcp-env
```

随后激活虚拟环境，在 macOS/Linux 中输入的代码：

```bash
source mcp-env/bin/activate
```

在 Windows 系统中使用 WindowsPowerShell（管理员），如图 4-3 所示。输入代码，激活成功后，终端前缀会变成类似（mcp-env），表示已进入虚拟环境，如图 4-4 所示。

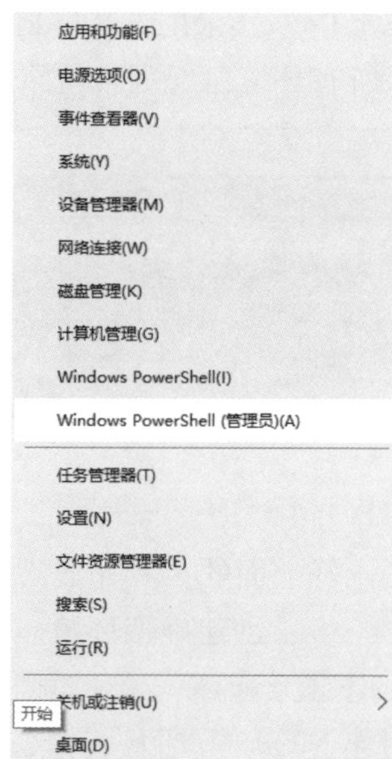

图4-3 选择Windows PowerShell（管理员）

图4-4 激活虚拟环境

```bash
.\mcp-env\Scripts\activate  # 在 Windows PowerShell 或 CMD 中激活虚拟环境 mcp-env
```

Tips

某些 Windows 系统因为安全策略问题，可能激活失败，请参考网上关于 PowerShell 的指导手册，将“Restricted”策略修改为“RemoteSigned”即可执行。

第二步：安装 uv

在激活的虚拟环境中，输入代码：

```bash
pip install uv  # 使用 pip 安装 uv 库（可能是异步 I/O 或相关依赖管理工具）
```

等待几秒安装完成。然后初始化 MCP 项目。这时会自动生成配置文件：

```bash
uv init .  # 在当前目录初始化 uv 项目（生成配置文件等基础结构）成功后，当前目录下会多出一个 pyproject.toml 文件，记录项目配置，如图 4-5 和图 4-6 所示。
```

图4-5 安装uv

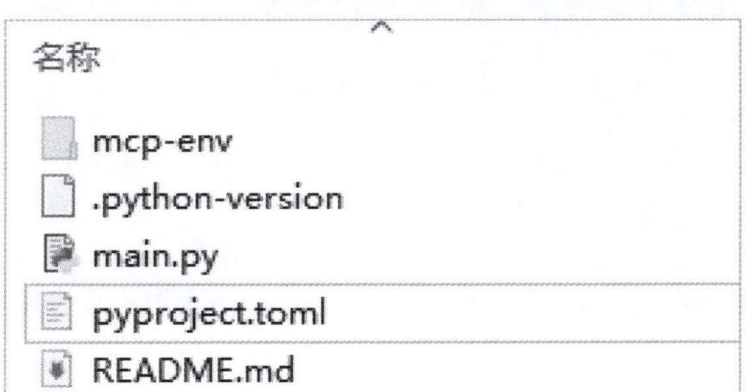

图4-6 安装后生成的文件

第三步：安装 MCP SDK 及命令行工具

在项目根目录下执行：

```bash
uv add "mcp[cli]"  # 使用 uv 添加 mcp 包及其命令行工具依赖（如图 4-7 所示）

pip install mcp    # 通过 pip 安装 mcp 核心库

pip install mcp[cli]  # 通过 pip 安装 mcp 库及其 CLI 功能支持（如图 4-8 所示）
```

这个命令会安装：

（1）MCP 的核心 Python 库。

（2）MCP 的命令行工具（mcp），用于本地调试和运行 MCP 工具。

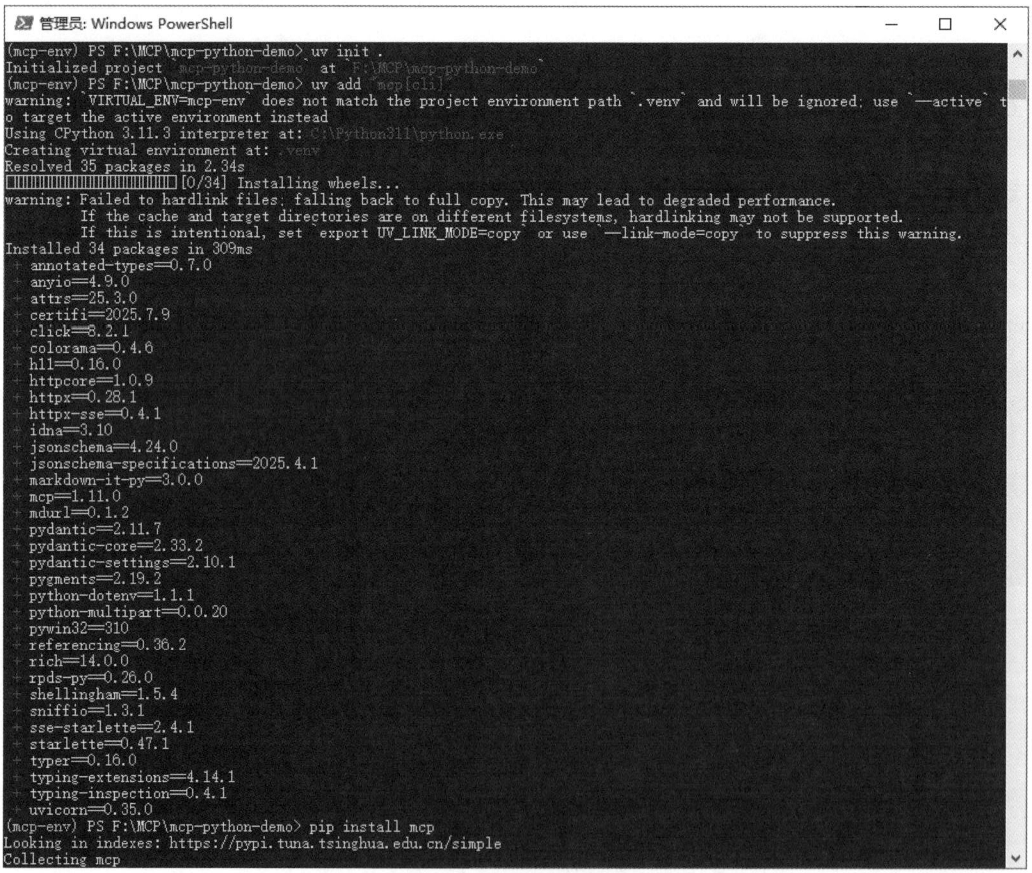

图4-7 安装MCP工具

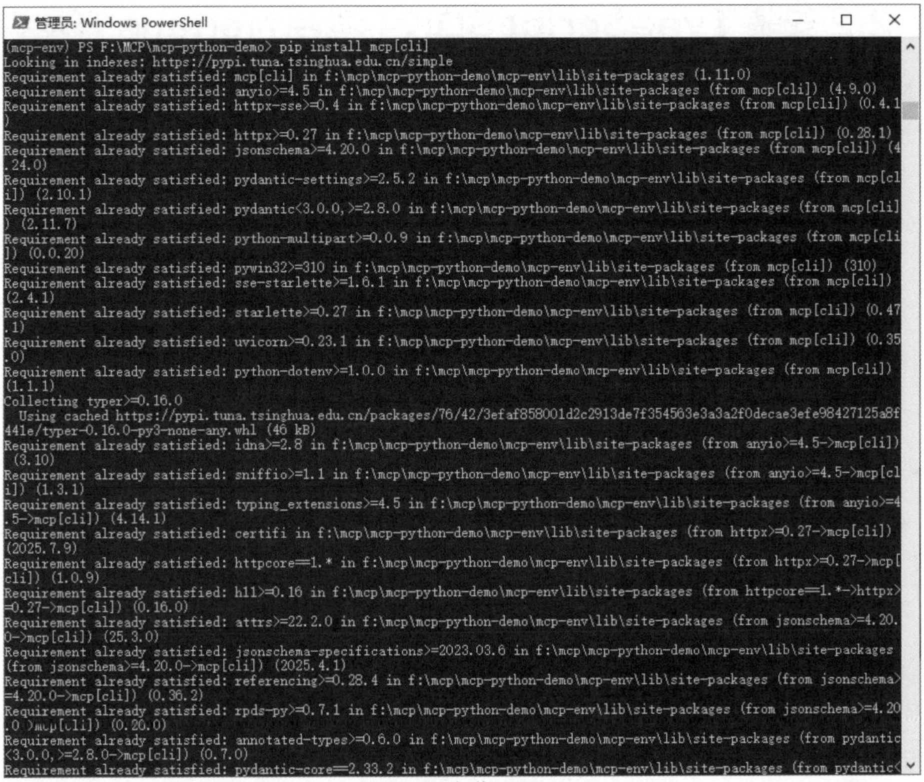

图4-8 安装MCP

第四步：验证是否安装成功

在终端输入：

```bash
mcp version #查看已安装的 mcp 版本信息，验证安装是否成功
```

如果成功，会输出 MCP 的版本号，例如：（如图 4-9 所示）

```bash
MCP version 1.11.0
```

如果提示“command not found”，请确认是否处在虚拟环境内，或尝试重新执行 source mcp-env/bin/activate 后再试一次。

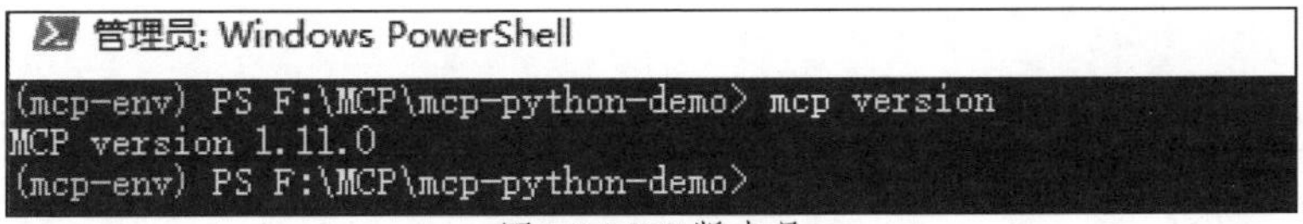

图4-9 MCP版本号

4.2.2 安装 TypeScript SDK（适合 Node.js 开发者）

MCP 的 TypeScript SDK 主要用于在 Node.js 环境中开发和运行 MCP 工具，适合构建网页服务、前端工具或跨平台应用。使用者只需通过 npm install @modelcontextprotocol/sdk 安装依赖，创建一个 FastMCP 实例并注册工具函数，即可快速启动一个可被大语言模型调用的 MCP Server。SDK API 设计简洁，支持异步处理、参数验证和服务启动封装，开发体验类似构建一个轻量级的本地 API 服务，非常适合前端开发者快速接入智能体生态。

1. 前置条件（请务必先确认）

若已经安装了 Node.js，且版本≥18，则在终端中输入：

```
bash

node -v  # 查看当前安装的 Node.js 版本
```

若未安装，建议使用 nvm 安装最新版。推荐使用 VS Code 作为开发工具（可选）。

2. TypeScript SDK 安装步骤

如果选择使用 TypeScript 语言开发 MCP 工具，那么接下来这部分内容将带领开发者完成从项目初始化、依赖安装到工具注册和服务运行的完整流程。整个过程对前端或 Node.js 开发者非常友好，只需按照以下四步，就能快速启动一个可调试的 TypeScript 版 MCP Server。

第一步：初始化项目目录

在终端输入：

```
bash

mkdir mcp-ts-demo  # 创建项目目录 mcp-ts-demo
cd mcp-ts-demo     # 进入项目目录
npm init -y        # 初始化 Node.js 项目并生成 package.json（使用默认配置）
```

这会创建一个基础的 package.json 文件。

第二步：安装 MCP SDK 依赖

使用 npm 安装：

```
bash

npm install @modelcontextprotocol/sdk  # 安装 MCP 官方提供的 JavaScript/
TypeScript SDK
```

或者使用 yarn：

```bash

yarn add @modelcontextprotocol/sdk  # 使用 yarn 安装 MCP 官方 JavaScript/TypeScript SDK
```

第三步：编写测试代码

新建文件 index.ts（注意是 .ts 后缀），内容如下：

```ts

import { FastMCP } from '@modelcontextprotocol/sdk'; //引入 MCP 官方 SDK 中的 FastMCP 类
const app = new FastMCP('demo-tool');              //创建 FastMCP 实例并指定工具名称为 'demo-tool'
app.tool('hello', async (name: string) => {        // 注册名为 'hello' 的工具，接收参数 name
 return `Hello, ${name}`;                    //返回问候字符串
});
app.start();                              //启动 MCP 应用，开始监听并处理请求
```

这段代码会创建一个名为 demo-tool 的 MCP 工具，并注册一个名叫 hello 的函数。

第四步：运行测试项目

如果已经安装了 tsx（推荐用来运行 TypeScript），可执行：

```bash

npx tsx index.ts  # 使用 tsx 执行 TypeScript 文件 index.ts（无须手动编译）
```

终端显示 MCP 服务已启动，说明 TypeScript SDK 配置无误。

如果未安装 tsx，先安装。

```bash

npm install tsx --save-dev  # 将 tsx 安装为开发依赖，用于直接运行 TypeScript 文件
```

4.2.3 Java/Kotlin 开发支持（适用于后端系统集成）

如果使用的是 Java 或 Kotlin，可以将 MCP SDK 作为依赖接入现有项目。

1. Maven 示例代码

在 pom.xml 中添加：

```xml
xml

<dependency>                          <!-- Maven 依赖声明 -->
  <groupId>com.modelcontext</groupId>        <!-- 组织 ID，标识库所属组织 -->
  <artifactId>mcp-sdk</artifactId>          <!-- 工件 ID，指定依赖的库名称 -->
  <version>1.2.3</version>              <!-- 版本号，指定依赖的版本 -->
</dependency>
```

2. Gradle 示例代码

在 build.gradle 中添加：

```groovy
groovy

implementation 'com.modelcontext:mcp-sdk:1.2.3'  # 在 Gradle 构建文件中添加
MCP SDK 依赖
```

Java/Kotlin 版本目前不包含 CLI 工具，适合需要将 MCP 能力嵌入企业服务或 Spring Boot 项目的用户使用。

4.2.4 安装与使用 MCP Inspector Dev CLI+MCP Web UI

在进行 MCP 工具开发与测试的过程中，一个高效、直观、可视化的调试环境是必不可少的。“MCP Inspector Dev CLI+MCP Web UI”是官方提供的调试组合，支持通过命令行一键启动服务，并在浏览器中实时查看每一次工具调用的输入参数、响应数据、报错堆栈和执行过程。

与 Claude Desktop 相比，这一调试组合具备以下优势：

- 优势一：无须配置，即开即用。
- 优势二：CLI 和 Web UI 联动，适合快速测试和多工具迭代。
- 优势三：可模拟调用、构造参数、记录历史请求。
- 优势四：与官方 Python SDK 集成度高，兼容性最佳。

1. 安装前置条件

在开始之前，请确保已经完成以下环境配置：

环境项	推荐版本说明	验证方式
Python	≥ 3.8（推荐 3.10+）	python3 --version
uv 包管理器	已安装并可用	uv --version
MCP SDK (Python)	已安装	mcp --version

如果尚未完成以上环境配置，请先参考“4.2.1 安装 Python SDK”，确保项目处于一个已激活的虚拟环境中。

2. 启动方式：一行命令启用本地调试环境

进入 MCP 工具项目目录（即含有 server.py 的目录），在终端中执行以下命令：

```bash
mcp dev server.py  # 以开发模式启动 MCP 服务器，加载并运行 server.py 这条命令将同时完成以下操作：
```

（1）启动 MCP Server（使用 uv run）。

（2）自动启动 MCP Inspector 服务（Web UI）。

（3）打印 Web 调试地址（如 http://localhost:6754）。

（4）启用请求模拟与可视化反馈功能。

此命令会自动识别项目中的 MCP 工具注册情况，并在 UI 中显示所有可用工具。

3. 打开 MCP Web UI 进行交互调试

当终端中显示如图 4-10 所示信息时，请在自动弹出的浏览器界面中进行后续操作。

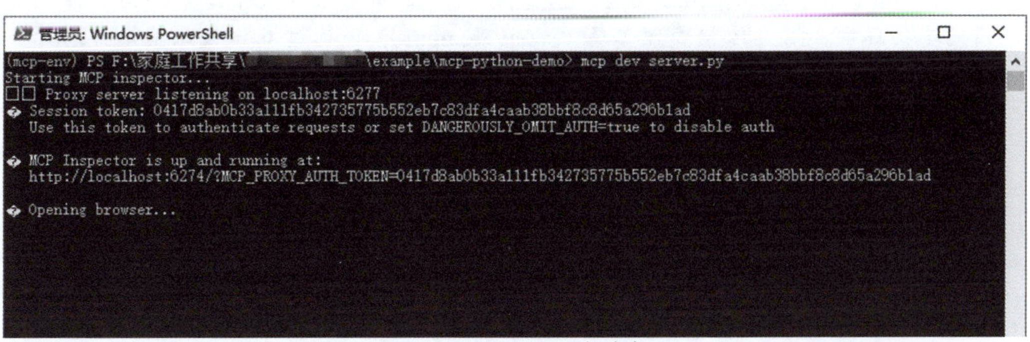

图4-10 MCP Server启动中

这时，我们将会看到一个调试界面，如图 4-11 所示，界面包括：

（1）左侧工具列表（所有已注册的 MCP 工具名称）。

（2）中部参数编辑区（自动生成参数输入表单）。

（3）右侧调用历史与响应数据区（显示请求与响应 JSON）。

可以选择任意一个工具，填写参数，点击“发送调用”，系统将：

（1）向本地 Server 发起一次真实调用。

（2）收集调用过程的输入输出数据。

（3）高亮显示异常、错误栈、耗时等指标。

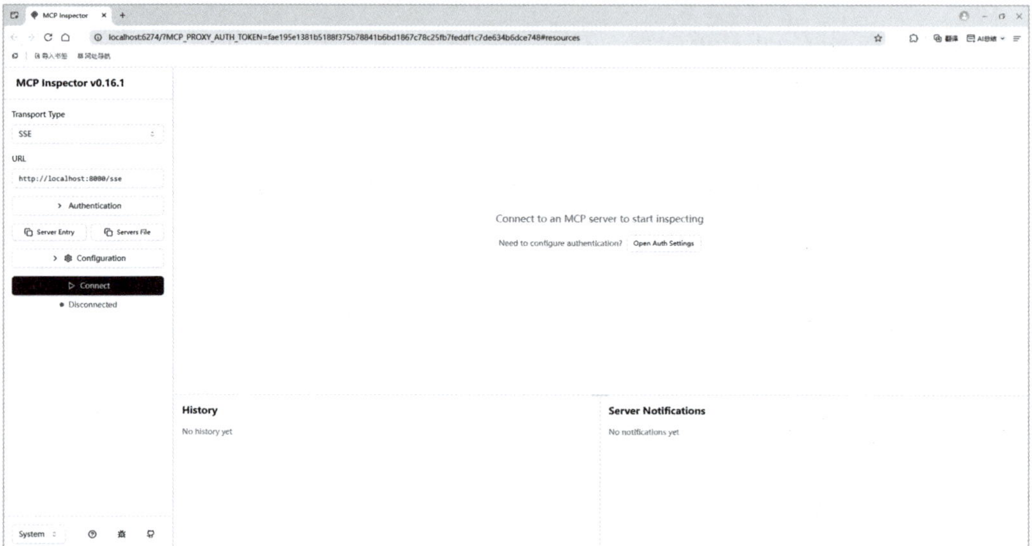

图4-11 MCP Web UI界面

小 结

通过本节内容，开发者已经掌握了 MCP 官方 SDK 在主流语言下的完整安装流程，包括 Python（推荐入门首选）、TypeScript（适合 Node.js 开发者）以及 Java/Kotlin（用于后端集成）等多种实现方式。本节内容不仅介绍了如何创建隔离的虚拟环境、配置依赖管理工具（如 uv 或 npm），还通过具体代码演示帮助开发者顺利完成首个工具函数的注册与运行。同时，“MCP Inspector Dev CLI +Web UI”作为官方推荐的调试组合，极大提升了调试效率，支持一键启动服务、可视化查看调用详情、异常堆栈与响应数据。只要按照每一节的步骤操作，无需深厚编程背景，也能快速搭建起一个稳定可用的 MCP 开发环境，为后续多工具协作、智能体集成与生产部署打下坚实基础。

4.3 快速启动第一个 MCP 示例项目

完成 SDK 安装后，构建第一个 MCP 项目是理解 MCP 工具开发流程的关键一步。所谓“示例项目”，不是抽象的概念代码，而是一个真正可以运行起来、被模型调用的服务工具。在本节中，将通过 Python 和 TypeScript 两个版本，从零搭建一个 MCP 工具，并借助官方推荐的调试组合——“MCP Inspector Dev CLI+Web UI”，实现从“写好代码”到“模型调用成功”的完整闭环。

无论偏好哪种语言，这一节的目标是明确的：只要跟着做，就一定能看到自己的工具被调用成功。

4.3.1 Python 示例项目

推荐使用 Python 语言，特别是对于初次接触 MCP 的用户，建议优先从 Python 版本入手。本示例将构建一个具备“加法运算”功能的工具服务，并使用 mcp dev 命令启动调试界面。

以下步骤将引导开发者从空目录开始，搭建并运行一个提供“加法运算”功能的 MCP Server。这些步骤将完成三个目标。

- 目标一：构建一个名叫“calculator”的 MCP 工具，提供 add(a,b) 加法服务。
- 目标二：用 mcp dev 一步启动服务和 Web 调试面板。
- 目标三：在浏览器中实时测试调用结果。

第一步：创建项目目录并初始化环境

如“4.2.1 安装 Python SDK”中介绍，先确保在终端中执行：

```
bash
# 1) 创建并进入项目目录
mkdir mcp-python-demo     # 创建名为 mcp-python-demo 的目录
cd mcp-python-demo        # 进入该目录

# 2) 建立“沙箱”虚拟环境
python3 -m venv .venv     # 创建名为 .venv 的 Python 虚拟环境
# macOS/Linux:
source .venv/bin/activate  # 激活虚拟环境（macOS/Linux）
# Windows PowerShell:
.\.venv\Scripts\activate   # 激活虚拟环境（Windows PowerShell）

# 3) 安装 uv 管理器并初始化项目
```

```
pip install uv          # 安装 uv 依赖管理器
uv init .               # 在当前目录初始化 uv 项目

# 4) 安装 MCP Python SDK 和 CLI
uv add "mcp[cli]"       # 安装 MCP Python SDK 及其命令行工具支持
```

这些命令会完成以下操作：

（1）创建并进入项目目录。

（2）初始化 Python 虚拟环境。

（3）安装官方推荐的依赖管理工具 uv。

（4）创建项目配置文件（pyproject.toml）。

（5）安装 MCP SDK 及其命令行工具 mcp。

完成以上操作后，目录结构应如图 4-12 所示。

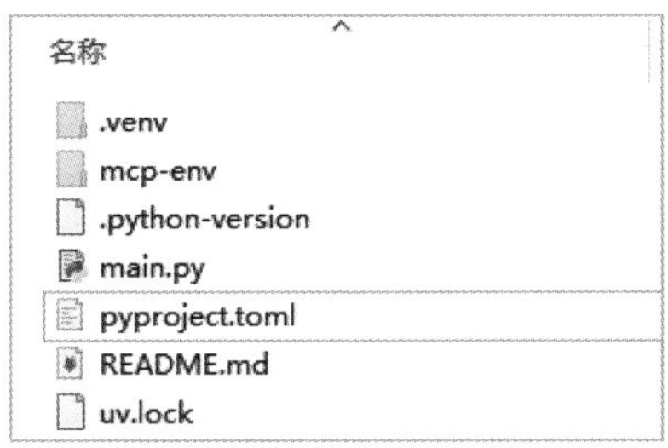

图4-12 文件目录

第二步：编写 MCP Server 脚本

使用熟悉的编辑器（如 VS Code、PyCharm 等）在项目根目录下新建 server.py 文件，并粘贴以下内容：

```
python

from mcp.server import FastMCP  # 从 MCP 服务器模块导入 FastMCP 类

# 1) 创建一个名为 'calculator' 的工具容器
app = FastMCP("calculator")    # 实例化 FastMCP 对象，并指定工具名称为 'calculator'

# 2) 用 @app.tool() 注册一个加法函数
@app.tool()                # 装饰器注册 MCP 工具方法，名称默认为函数名 'add'
def add(a: int, b: int) -> int: # 定义加法函数，接收两个整数参数并返回整数
    return a + b           # 返回两个参数的和

# 3) 如果直接运行本文件，就启动服务
```

```
if __name__ == "__main__":    #检查当前文件是否为入口文件
  app.run()            #启动MCP服务，开始监听请求
```

这段代码定义了一个名为“calculator”的 MCP 工具，并注册了一个工具方法 add，接收两个整数作为输入，返回它们的和。

@app.tool 就是把 add 这类工具放到工具架上，模型才能找到它。

第三步：运行服务

在同一终端（确保虚拟环境已激活）中执行：

```
bash

mcp dev server.py  #以开发模式运行MCP服务器，加载并执行server.py文件
```

这条命令会自动：

（1）用 uv run server.py 启动 MCP Server。

（2）启动 Inspector Web UI 在本机端口。

（3）打开浏览器并加载调试页面。

如果第一次执行时看到 npm 证书过期错误，可先运行：

```
bash

npm config set registry https://registry.npmjs.org  #将npm包管理器的注册源设置为官方npm仓库
```

然后重试 mcp dev server.py。

如果正常运行，则会启动服务并自动打开浏览器 UI 调试界面，如图 4-13 和图 4-14 所示。

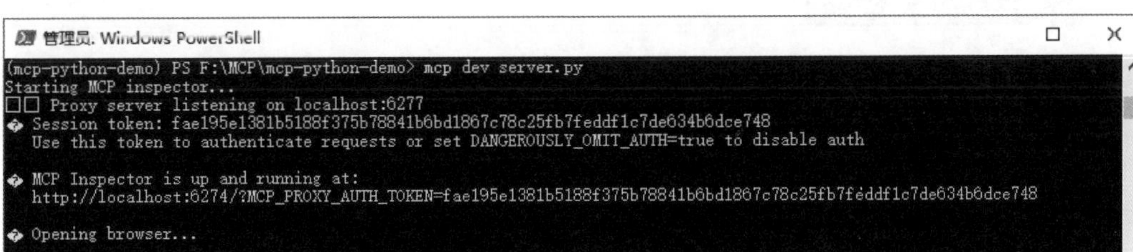

图4-13 服务等待被调用

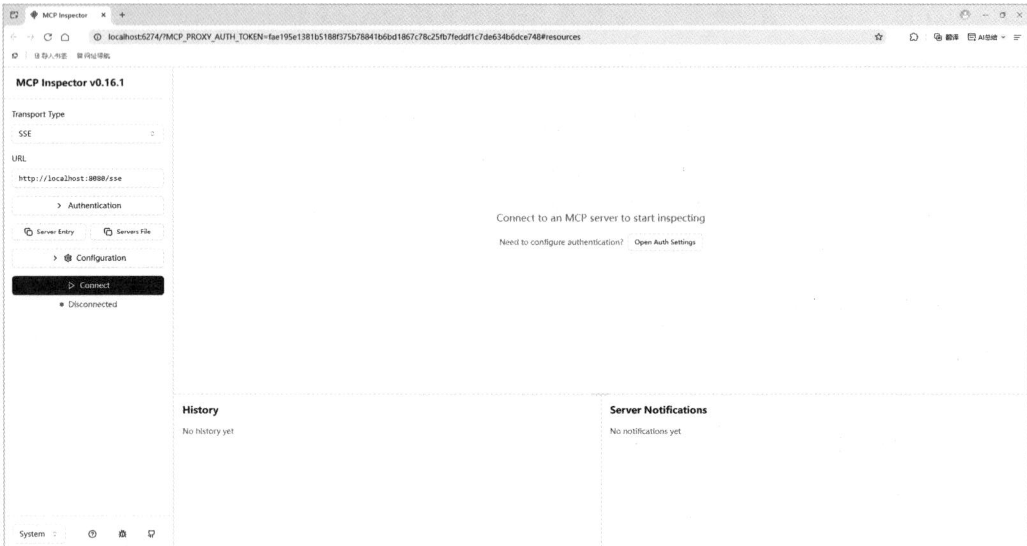

图4-14 浏览器UI调试界面

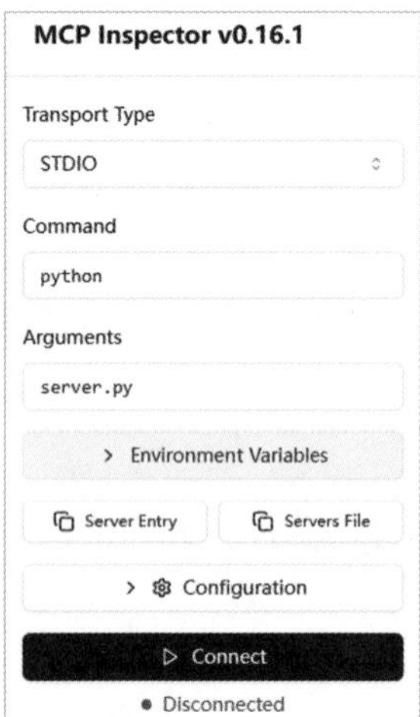

图4-15 左侧工具栏

第四步：在 Web UI 中测试

浏览器自动打开或复制终端输出的 URL，在左侧工具栏单击“Connect”按钮，如图 4-15 所示。

在右侧操作界面依次单击“Tools → List Tools → add”，如图 4-16 所示。

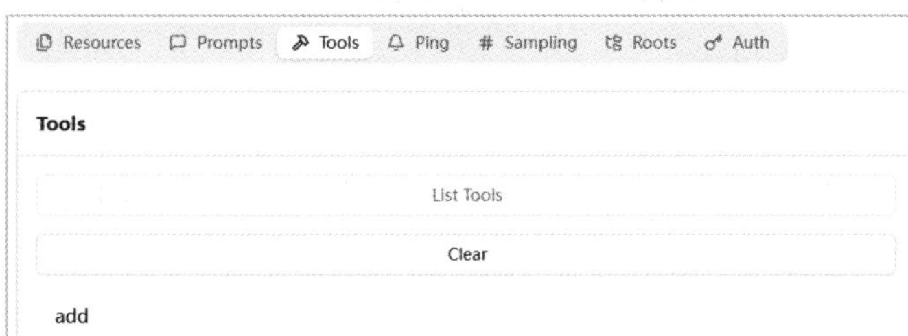

图4-16 选择Tools

在右侧工具的对话框中，填入“a”和“b”的值，如“5”和“10”，并单击“Run Tool”按钮，如图 4-17 所示，若返回结果显示“result:15”则说明工具调用正常。

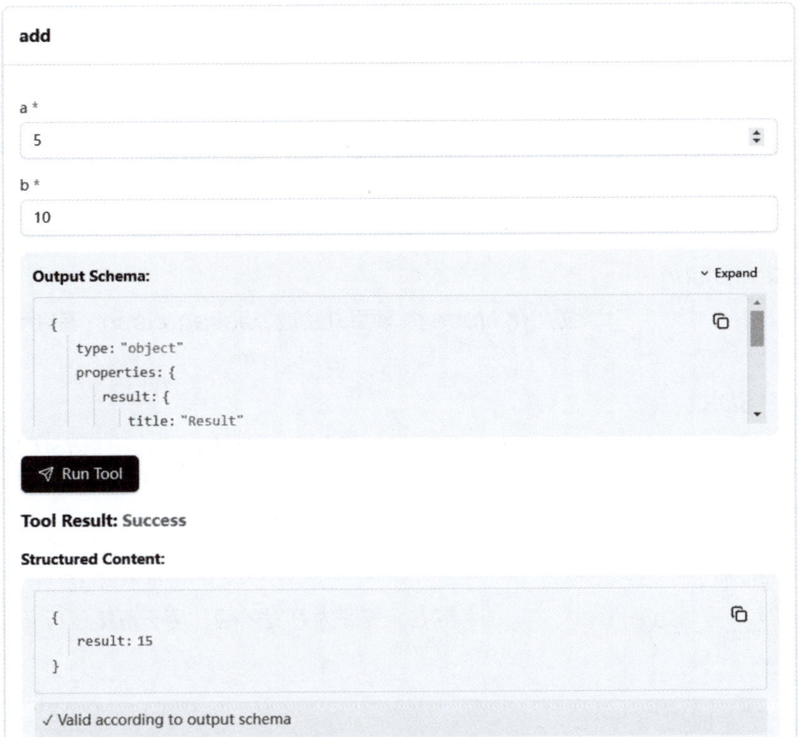

图4-17 工具调用测试

此时，MCP Server 已经启动成功，可以被 MCP Web UI 等 MCP Host 识别并调用。

4.3.2 TypeScript 示例项目

如果更习惯 JavaScript/TypeScript，这里用 TSX 和 mcp dev 完成同样效果——构建一个“greeter”工具，提供 sayHello(name) 服务。

1. 前提条件

在开始使用 TypeScript 开发 MCP 工具前，请先确保环境已满足以下条件：需要安装 Node.js，版本不低于 v18，以支持 ES 模块与异步特性；同时需要安装 npm 或 yarn 作为包管理工具，以便安装依赖包和运行命令行脚本。

建议使用 VS Code 作为开发编辑器，便于调试与类型提示。如果尚未安装 Node.js，可通过官网或使用 nvm 快速完成安装。环境配置正确后，即可顺利执行后续的初始化与开发步骤。

2. 操作步骤

第一步：初始化项目

在终端中执行：

```
bash

mkdir mcp-ts-demo                    # 创建项目目录 mcp-ts-demo
cd mcp-ts-demo                  # 进入项目目录

# 创建 package.json
npm init -y                     # 初始化 Node.js 项目并生成 package.json（使用默认配置）

# 安装 MCP SDK
npm install @modelcontextprotocol/sdk     # 安装 MCP 官方 JavaScript/TypeScript
SDK

# 安装 tsx 运行器
npm install tsx --save-dev            # 将 tsx 安装为开发依赖，用于直接运行 TypeScript
文件
```

这些命令完成以下操作：

（1）创建项目目录并生成 package.json。

（2）安装 MCP SDK。

（3）安装 tsx 工具（用于直接运行 .ts 文件）。

第二步：编写 index.ts

在项目根目录下新建 index.ts 文件，并写入以下内容：

```
ts

import { FastMCP } from '@modelcontextprotocol/sdk';  // 从 MCP 官方 SDK 导入
FastMCP 类

// 1) 创建名为 'greeter' 的工具
const app = new FastMCP("greeter");                // 实例化 FastMCP 对象，并指定工具
名称为 'greeter'

// 2) 注册 sayHello 函数
app.tool("sayHello", async (name: string) => {       // 注册名为 'sayHello' 的工具，接收
参数 name
```

```
  return `Hello, ${name}`;                //返回问候字符串
});

//3) 启动服务
app.start();                         //启动 MCP 应用，开始监听并处理请求
```

这里定义了一个名为“greeter”的 MCP 工具，并注册了 sayHello 函数，用于生成简单问候语。

第三步：运行服务

在终端执行：

```
bash

# 先在后台启动 MCP Server
npx tsx index.ts &  # 使用 tsx 运行 index.ts 并放到后台执行

# 再用 Inspector 打开 Web UI
mcp dev index.ts    # 以开发模式运行 MCP 并打开 Inspector Web UI
```

如果 mcp dev index.ts 无法识别，也可以直接执行：

```
pgsql

npx @modelcontextprotocol/inspector -- npx tsx index.ts   # 使用 MCP Inspector
启动 index.ts，提供可视化调试与交互界面
```

第四步：Web UI 中测试

同上一节 Python 工具测试一样，打开网页浏览器，并选择相应的工具，输入测试用的“name”，比如“Jack”，单击“Run Tool”按钮，如果返回显示“Hello, Jack”则表示工具调用正常。这说明 TypeScript 服务已经运行成功，等待被连接和调用。

小 结

不论是 Python 项目还是 TypeScript 项目，都遵循以下五步流程。

步骤	Python 示例	TypeScript 示例
目录创建	mkdirmcp-python-demo&&cd···	mkdirmcp-ts-demo&&cd···
环境安装	python3-mvenv. venv&&uvinit.&&uvadd"mcp[cli]"	npminit-y&&npminstall@···&&npminstalltsx
代码编写	新建 server.py，粘贴 FastMCP 示例	新建 index.ts，粘贴 FastMCP 示例
启动调试	mcpdevserver.py	mcpdevindex.ts 或 npxinspector--npxtsxindex.ts
验证调用	浏览器选中 calculator:add，输入 {"a":5,"b":10}	浏览器选中 greeter:sayHello，输入 {"name":"Jack"}

整个启动过程控制在 10 分钟内完成，代码量不超过 20 行，适合快速入门、测试工具的注册流程与部署逻辑。

4.4 MCP Inspector Web UI 使用介绍

前面提到了 MCP Inspector Web UI 的安装，接下来将详细介绍它的配置与使用流程。包括对 ServerConnection 面板、Resources 面板、Prompts 面板、Tools 面板等逐一剖析，详解每个面板的作用及操作方法。了解端口设置、日志级别、自动打开浏览器等常用配置，以及从“Connect → SelectTool →输入参数→ Send →查看响应→ ReviewLogs → Reconnect”的完整调试工作流，帮助开发者快速掌握基于 Web UI 的可视化调试能力。

4.4.1 启动 Inspector

MCP Inspector 由两部分组成，第一部分：MCPI 前端 UI（默认地址 http://localhost:6274）；第二部分：MCPP 代理后端（默认监听 localhost:6277）。

在项目任意目录下，运行以下命令即可启动：

```bash
bash

npx @modelcontextprotocol/inspector  # 启动 MCP Inspector 调试工具，进入可视化管理与调试界面
```

若需同时启动并连接本地 Server，可追加命令或参数。

```bash
bash
```

```
npx @modelcontextprotocol/inspector python server.py  # 使用 MCP Inspector 启
动并调试 Python 版 server.py
```

4.4.2 界面布局概览

打开 http://localhost:6274/?MCP_PROXY_AUTH_TOKEN=<token> 后，界面主要分为五个面板，如图 4-18 所示。

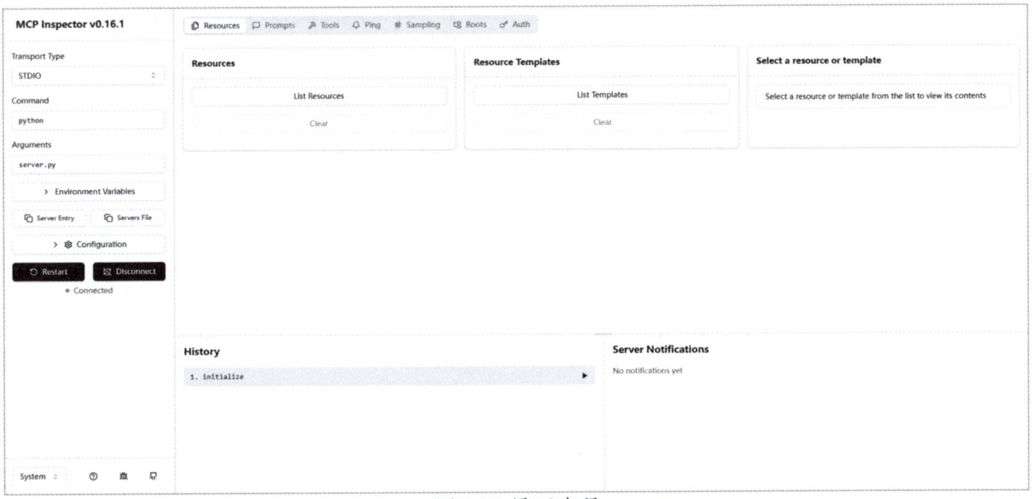

图4-18 界面布局

（1）Server Connection Pane：选择传输协议、填写启动命令及参数、环境变量配置。

（2）Resources Tab：列出所有资源及其元数据，支持内容预览和订阅测试。

（3）Prompts Tab：展示 Prompt 模板、参数说明，支持输入自定义参数并预览生成消息。

（4）Tools Tab：列出可用工具函数、Schema 与描述，提供参数表单或 Raw JSON 输入，执行后展示结果。

（5）Notifications Pane：汇总调用日志、错误与通知，用于回溯和监控。

4.4.3 Server Connection Pane 配置详解

在 MCP Inspector Web UI 的主界面顶部的左边是 Server Connection 连接面板。这个面板是整个调试工作流程的起点，所有的 Server 启动命令、连接方式、环境变量等设置都在这里完成。可以把它理解为“指挥台”，需要告诉它：要连接谁

（Server）、怎么连（协议）、用什么命令（命令行）、加不加特殊参数（环境变量）。以下是各字段的详细说明。

1. Transport Type（连接协议）

该字段决定 Inspector 如何与 MCP Server 通信，支持以下三种方式。

（1）stdio：通过标准输入输出流通信。适用于本地开发测试，稳定且无需额外端口暴露。

（2）sse：通过 Server-Sent Events（服务器发送事件）协议进行通信，适合部署于本地或远程 HTTP 服务。

（3）http：通过标准 HTTP 请求访问 MCP Server 提供的 REST 接口，适用于部署后的远程服务器。

推荐做法如下。

（1）本地开发优先使用 stdio。

（2）本地或远程 Web Server 推荐使用 sse。

（3）调用已有 HTTP 接口则选择 http。

2. Command（启动命令）

用于指定本地 MCP Server 的启动指令如下。

（1）使用 Python 启动项目。

```bash
python server.py  # 直接运行 server.py 脚本，启动 MCP 服务器
```

（2）使用 uv 启动项目。

```bash
uv run server.py  # 使用 uv 执行 server.py 脚本，并自动管理依赖环境
```

（3）使用 Node.js 启动项目。

```bash
npx tsx index.ts  # 使用 tsx 运行 TypeScript 文件 index.ts（无需单独编译）
```

注意：此命令将被 Inspector 后端 spawn 执行，因此必须能在当前终端环境中正常运行。

3. Arguments（命令参数）

如需将 Server 启动命令拆成多个参数，可以将主命令写在 Command 中，其他

部分写在 Args，如图 4-19 所示。

（1）Command: python。

（2）Arguments: server.py。

这相当于执行：

```bash
python server.py  # 直接运行 server.py 脚本，启动 MCP 服务器
```

图4-19 参数配置

4. Environment Variables（环境变量）

在开发中，常需要为 Server 设置一些环境变量，比如“HOMEPATH”“PATH”等，可以在此面板进行环境变量的更改，如图 4-20 所示。

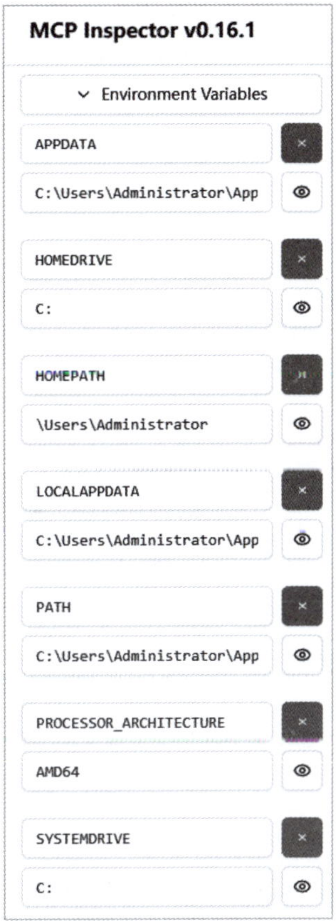

图4-20 环境变量设置

5. Connect/Disconnect（连接控制）

Connect：单击后 Inspector 将按填写的命令、参数和协议方式启动 MCP Server，并尝试建立连接。

Disconnect：手动断开当前 Server 连接，方便切换项目或重新测试。

连接成功的标志：

- 标志一：Server 输出不报错，Inspector 会自动加载其所有工具、资源与 Prompt 模板。
- 标志二：Web UI 的左侧工具栏将自动填充可用函数与资源。
- 标志三：“Notifications”面板开始实时接收调用日志和调试信息。

示例组合配置

本地 Python 项目连接：

字段	内容
Transport	stdio
Command	uv
Args	run server.py
Env	{ "DEBUG": "true" }
MCP SDK (Python)	已安装

本地 HTTP Server 连接：

字段	内容
Transport	sse
Command	（留空）
Args	（留空）
Env	（可选）
URL	http://localhost:8080/sse

填写完毕后，单击 Connect 即可启动 Server 并接入 Inspector。接下来就可以在 Tools、Prompts 和 Resources 面板中进行实际调试了。

4.4.4 Resources Tab 使用

Resources Tab 用于展示 MCP Server 注册的资源（如文件、图片、流等），如图 4-21 所示，方便在 UI 中直接预览和调试。对于那些工具函数处理外部内容时非常有用。

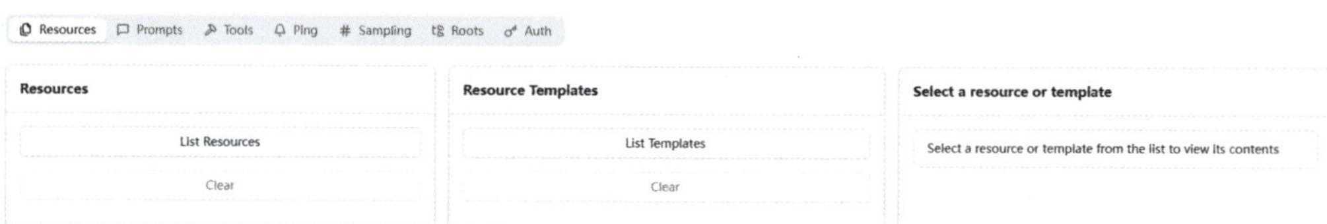

图4-21 资源面板

（1）资源列表：左侧列出所有资源的名称，如 file:report.txt 或 stream:logs。

（2）选择资源查看：单击资源名称后，右侧面板显示其元数据，包括 MIME 类型、大小、描述等。对于文本资源，可查看全文；对图片资源，会自动显示预览缩略图。

（3）测试订阅流：若资源类型是流（如 SSE、Websocket），可以单击“Subscribe”，实时接收并展示流数据。

（4）导出功能：部分资源支持点击下载图标保存到本地，以便进一步分析。

4.4.5 Prompts Tab 使用

Prompts Tab 专为包含 Prompt 模板的 MCP Server 设计，适用于聊天或生成任务的开发调试，如图 4-22 所示。

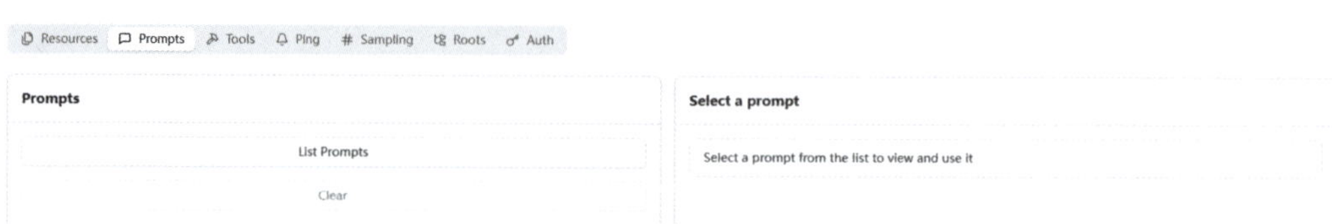

图4-22 Prompts面板

（1）模板列表：左侧展示所有 Prompt 模板名称和简要描述。

（2）参数表单：单击模板后，系统会自动生成对应的参数输入框，这些输入框既支持必填字段，也支持可选字段。

（3）实时预览：填写参数时，下方将即时生成完整的 Prompt 文本，帮助开发者验证结构和风格。

（4）发送测试内容：参数填写完成后，单击“Preview”可看到完整文本；单击“Send”可调用模板生成函数，并在右侧看到实际返回结果。适用于快速检查 Prompt 逻辑是否符合预期。

4.4.6 Tools Tab 使用

Tools Tab 是调试核心区域，展示所有通过 @app.tool() 注册的函数。

（1）工具列表：左侧列出工具名称（格式 serviceName:functionName）。

（2）Schema 显示：单击某个工具，右侧展示其参数和返回值的 JSON Schema，包括类型、可选性等。

（3）参数输入方式：

Form 模式：自动生成基于 Schema 的输入表单；

Raw JSON：切换到 JSON 编辑器，自定义输入结构。

（4）启动调用：输入参数后单击“Run Tool”按钮，UI 会向 Server 发送请求，并在下方展示，如图 4-23 所示。

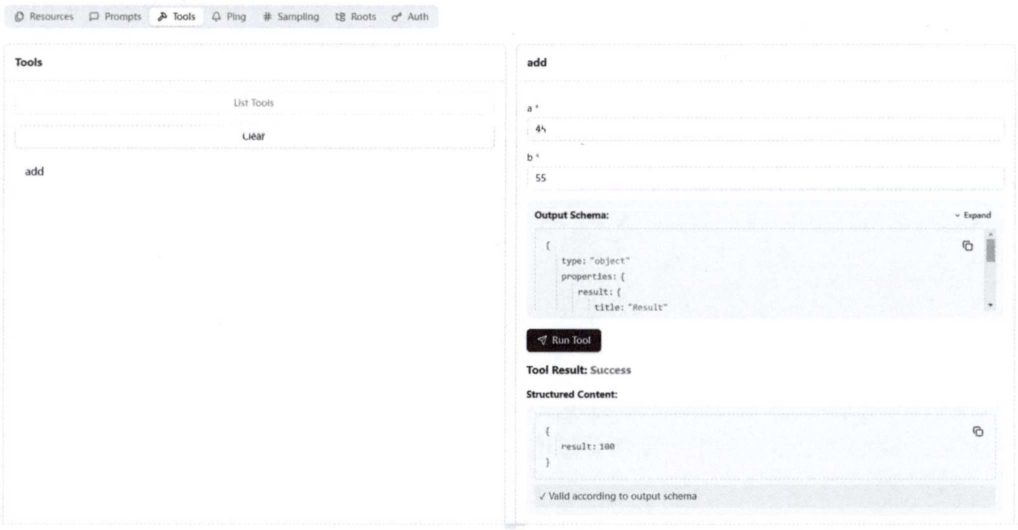

图4-23 Tools面板

（5）结果交互：单击返回值可复制、展开嵌套结构或导出 JSON，如图 4-24 所示。

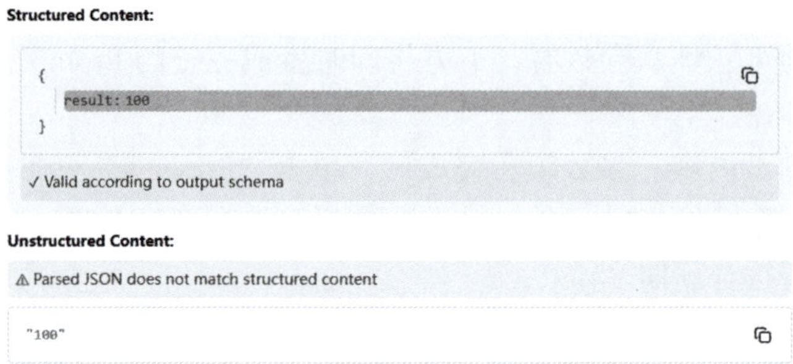

图4-24 返回值

小 结

通过本节内容，开发者已经从“如何启动 MCP Inspector Web UI”一直学到“如何利用它完成一次完整的工具调试流程”，不仅掌握了各个功能面板的作用，也学会了在不同通信协议（如 stdio、http、sse）下配置 Server 启动方式，理解了参数传递、返回值结构、异常捕捉等调试细节。同时，也知道该如何在 Tools 面板精确测试一个函数调用，在 Prompts 面板输入参数预览 Prompt 文本，也知道在 Resources 面板查看和订阅文件 / 流式数据的内容。

MCP Inspector Web UI 不只是一个“能看见调用结果的图形界面”，它是一个高度集成的开发辅助平台，是连接“代码逻辑”和“真实输入输出”的桥梁。在后续的项目开发中，无论是构建一个简单的工具函数，还是调试一整套多工具协同的复杂系统，都可以借助这个平台迅速定位问题，验证功能，并与团队共享调试过程与调用样例。现在已经拥有了这把钥匙，接下来只需要用它去打开属于你的智能体开发之门。

第5章

构建 MCP 服务器：从需求到接口的工程化实现

MCP 出现之前，企业的 AI 系统就像一支没有总谱的交响乐团：大语言模型、图像模型和预测模型各自精湛，却因数据源、工具接口和上下文格式互不兼容而难以协同，工程师只能不断堆砌中间层、手写安全校验，稍有变动便需推倒重来，投入高而见效慢。MCP 以开放规范的形式为这些异构部件制定统一“乐谱”——无论是文件、数据库还是外部工具，统统用 JSON-Schema、YAML 声明和版本号描述，再通过标准 RPC 或 WebSocket 双向流与模型交互，使上下文、数据和动作都能被安全、可追踪地注入模型推理流程。这样的“能力光纤”把 ERP、MES、IoT 流实时送进模型，又把模型输出反写于业务系统，研发侧则借助契约测试、日志、指标与沙箱把“上线即债务”降为“上线即治理”，真正将低耦合与强治理结合。

更重要的是，MCP 用声明驱动取代代码耦合，让审计、配额、回滚都可由同一份 Manifest 自动生成，部署和运维成本随规模递减；链路级可观测事件让故障不再是黑盒，而是秒级定位的“透明舱”；每条数据源、工具或提示模板都像带额度的 NFT，可被计量、限频、升级，企业由此构建出内部能力市场。当这些声明在 GitHub 以插件形式共享，制造业能快速接入第三方 PLC 读写插件，电商挂上比价工具，医疗加载合规病历检索器，生态网络效应因此倍增。对业务而言，模型接入成本从“项目制”降到“配置制”，上线周期由数月压缩到数日；对研发而言，Glue Code 与 Coupling Debt 大幅削减，审计与排障更高效；对治理与安全而言，能力可计量、可追责；对生态而言，插件市场催生长尾创新——这些价值叠加在一起，为多模态智能与端 - 边云协同奠定了标准化底座。

5.1 MCP 服务器功能结构详解

首先可以把 MCP 服务器想成一座“智能集装箱码头”：入口闸机负责登记卡车（请求），堆场调度塔决定集装箱（上下文、资源）如何堆放转运，自动化吊机把集装箱搬到船舱（模型推理），安全监控与规则中心则实时记录每一次吊运、追踪超载、按吨位审计。下面的功能结构，正对应码头里的这些岗位与设备，如图 5-1 所示。

入口闸机	API Gateway
堆场调度塔	Context Orchestrator
自动化吊机	Resource Adapter / Tool Executor / Prompt Template
安全监控与规则	Observability & Policy

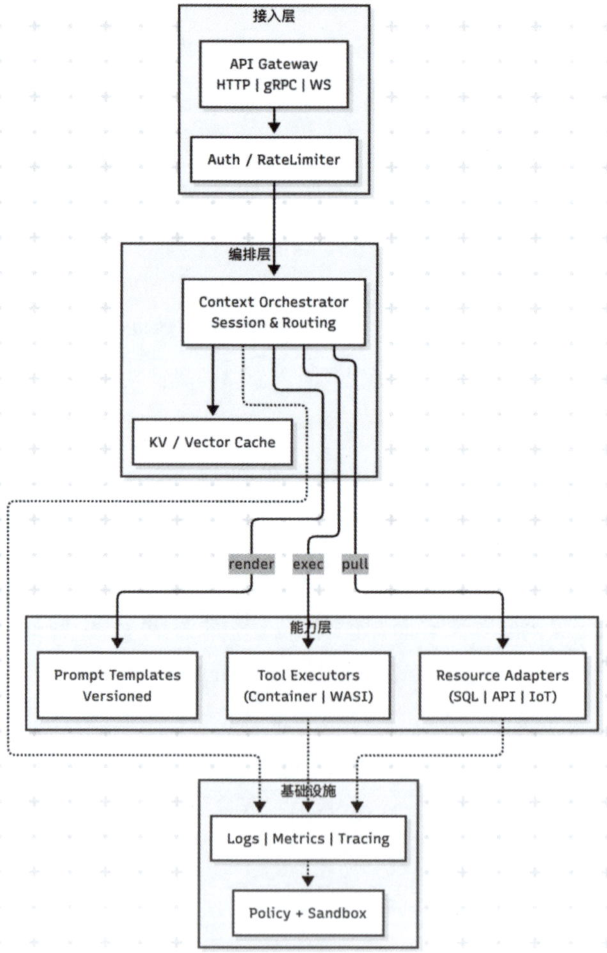

图5-1 架构图

5.1.1 入口闸机：API Gateway+ 鉴权限流

闸机如同一位严谨的“前沿哨兵”，肩负着“验票认证”与“称重计量”的双重重任，它巧妙地将纷繁复杂的外部请求，转化为平台系统能够精准识别与高效处理的标准化契约调用。在工程实践的落地过程中，重点聚焦于三件核心要事：一是推动协议标准的统一，确保数据交互的顺畅无碍；二是实施精细化的速率控制机制，保障系统运行的平稳有序；三是构建全方位的安全透传通道，确保信息流转的安全可靠。

参考代码如下：

```python
# gateway.py —— 极简 Flask + JWT 示例
from flask import Flask, request, jsonify        # 引入 Web 框架与请求 / 响应工具
import jwt, time                     # JWT 用来做无状态鉴权
from rate_limiter import token_bucket         # 自定义令牌桶限流器

app = Flask(__name__)               # 初始化 Flask 应用
SECRET = "mcp-demo-secret"              # JWT 签名密钥（生产应放环境变量）

@app.route("/v1/chat", methods=["POST"])     # 暴露统一入口 /v1/chat
def chat_entry():                   # 定义处理函数
  if not token_bucket.consume(1):          # ①检查令牌桶，1 次请求消耗 1 令牌
    return jsonify({"err": "rate limit"}), 429

  token = request.headers.get("Authorization") # ②读取 JWT
  try:
     claims = jwt.decode(token, SECRET, algorithms=["HS256"]) # ③解码并校验
JWT
  except jwt.InvalidTokenError:
    return jsonify({"err": "invalid token"}), 401

  ctx = {                     # ④把关键信息写入内部上下文
    "uid": claims["sub"],
```

```
    "cap_token": request.headers.get("X-Capability-Token"),
    "payload": request.json,
    "ts": int(time.time()),
  }                  # ⑤转交堆场调度塔（下节详述），并把结果回传
  from orchestrator import handle_request
  return jsonify(handle_request(ctx))
```

请重点关注：

- 协议清洗：HTTP →内部 gRPC/AMQP，避免业务方接触内部拓扑。
- 配额透传：上例中的 X-Capability-Token 就像集装箱过磅单，后面会按吨计费。

5.1.2 堆场调度塔：Context Orchestrator

调度塔如同智慧中枢，精准掌控着每一个集装箱的去向与吊装时序。它巧妙聚合会话记忆、资源读取、工具计划、模型推理四大核心模块，通过高效协同运作，不仅实现了对物流调度全流程的智能统筹，更能生成完整详尽的全链路 Trace，为每一个决策环节留下清晰可追溯的轨迹。

参考代码如下：

```
Python
# orchestrator.py —— 带详细注释的核心流程
import uuid, json
from cache import kv_get, kv_put              # ① KV 缓存用于会话记忆
from adapters import pull_resource            # ②资源读取统一入口
from planner import plan_tools                # ③工具计划器（提示工程后调用）
from llm_client import run_llm                # ④大模型 RPC

def _load_memory(cid: str) -> dict:
  """ 从 KV 或 Fallback DB 加载对话记忆 """
  mem = kv_get(cid)                   # ⑤读缓存
  return json.loads(mem) if mem else {"turns": []}

def _save_memory(cid: str, mem: dict):
  kv_put(cid, json.dumps(mem), ttl=3600)    # ⑥更新缓存，TTL 1h


def handle_request(ctx: dict) -> dict:
```

```
""" 主入口：把闸机送来的 ctx 变成最终响应 """
trace_id = uuid.uuid4().hex            # ⑦生成链路追踪 ID
cid = ctx["payload"]["conversation_id"]  # ⑧提取会话 ID
mem = _load_memory(cid)                 # ⑨加载历史记忆

# === 1. 渲染提示模板 ===
tpl_id = ctx["payload"]["prompt_tpl"]    # ⑩指定模板版本
from prompt_registry import render_prompt
prompt = render_prompt(tpl_id, ctx["payload"]["vars"]) # ⑪ 渲染模板

# === 2. 拉取业务数据 ===
needs = ctx["payload"].get("resources", [])       # ⑫ 解析要读的资源清单
facts = {rid: pull_resource(rid, ctx["payload"]["vars"]) # ⑬ 调资源适配器
    for rid in needs}

# === 3. 规划工具调用 ===
tool_plan = plan_tools(prompt, facts)   # ⑭ 基于意图与事实规划行动

# === 4. 执行大模型推理 ===
reply = run_llm(prompt, facts, tool_plan) # ⑮ 把所有信息喂给 LLM

# === 5. 更新会话记忆 ===
mem["turns"].append({"q": ctx["payload"]["text"], "a": reply})
_save_memory(cid, mem)                 # ⑯ 写回内存

# === 6. 返回并附带链路 ID ===
return {"reply": reply, "trace_id": trace_id, "tools": tool_plan}
```

请重点关注：

- 缓存策略：短记忆进 KV，长记忆进向量库——像按“危险品”“冷链”分堆场。
- 链路追踪：trace_id 嵌入所有日志→一键回放作业流程。

5.1.3 自动化吊机：资源适配器 / 工具执行器 / 提示模板

吊臂舒展，集装箱如被精准拿捏的积木般稳妥登船——这高效协作的背后，恰似精密系统的运转，其核心要义在于“低耦合”与“沙箱安全”这两大支柱——前

者如同清晰的指令调度，让各环节接口明确、各司其职，避免冗余牵绊；后者则像一道无形的安全屏障，确保每个操作单元在独立可控的环境中运行，杜绝风险外溢，共同构筑起稳定可靠的作业基石。

1. Resource Adapter（读数据）

orders.py 给出资源适配器的构造内容，以及如何实现核心的读取逻辑。

参考代码如下：

```
Python
# adapters/orders.py —— 行级注释版
from mcp_sdk import resource           # ① 引入 SDK 装饰器

@resource(schema="schemas/order.json",     # ② 声明输出 JSON-Schema
      ttl="5m")              # ③ 声明缓存 5 分钟
class OrderReader:              # ④ 定义资源读取类
  def pull(self, order_id: str) -> dict:  # ⑤ pull() 必须实现核心读取逻辑
    sql = "SELECT * FROM orders WHERE id=%s" # ⑥ 构造 SQL
    return db.fetch_one(sql, order_id)  # ⑦ 执行并返回结果
```

2. Tool Executor（做动作）

notify.yml 像给吊机设“吊重 20 吨 / 分”限速；平台据此注入 Sidecar 限流+Sandbox。

notify.yml 参考代码如下：

```
YAML
# tools/notify.yml
id: send_notification
runtime: "python3.11"
cmd: "python main.py"
params:
 - name: phone
  type: string
  required: true
rate_limit: "20/m"  # 自动注入限流
timeout: 5s
```

注意：

声明写在 YAML 中；执行与沙箱解耦，可运行在容器或 WASI 中。

更新工具 = 改 YAML+ 推镜像，无须重启主进程。

3. Prompt Template（提示词模板）

通过对 id、input_vars、body 三个内容对提示词进行规范。

参考代码如下：

```yaml
YAML
id: order_status_v2
input_vars: ["order", "customer"]
body: |
 你是一名客服 ...
```

模板采用 Git 进行版本管控并遵循语义化版本控制规范，这就如同为吊机精准更换适配不同场景的"智能抓手"——例如"V1 版本适配抓取 20 英尺标准箱，V2 版本升级为抓取 40 英尺集装箱"。引擎启动时会依据标记的 tag 自动拉取对应版本的业务代码，这种机制在灰度发布时可实现按 tag 精准控制版本推送，确保热更新过程如丝般顺滑，完全消除服务闪断隐患。

5.1.4 基础设施：可观测 + 沙箱治理

为保障系统稳定运行与风险可控，下述聚焦基础设施层的两大核心支撑能力——可观测性建设与沙箱安全治理，具体措施如下。

- 日志：每条链路含 trace_id，快速定位瓶颈。
- Metrics：Prometheus 导出 latency、cache-hit、quota 剩余。
- Tracing：OpenTelemetry 注入，Grafana Tempo 可查看跨组件调用栈。
- Sandbox：基于 seccomp/bpf 或 WASI，限制网络、磁盘、CPU。
- Policy：Rego 规则实时判定"谁能调谁"，配合 capability-token 动态生效。

当延迟 >SLA 或配额耗尽，Policy 会像"红灯"拦车：网关直接返回 429，调度塔降级为只读缓存或跳过工具调用。

小 结

正是依托这样的功能架构，企业方能将数据、模型与业务操作如同标准化集装箱般高效整合与批量迁移，使 AI 能力真正深度嵌入核心业务流程的每一个关键节点。更重要的是，这种模块化设计赋予了系统随需应变的强大灵活性，能够根据业务需求快速完成功能的拼装组合、灵活拆解与迭代升级，这正是 MCP 服务器所承载的工程化价值的核心要义。就好比：

1. 接口颗粒用声明固化尺寸，任何团队都能按插槽扩展。
2. 主逻辑由 Orchestrator 串联成链，每一次请求都是可回放的"小片段"。
3. 地基（观测 + 沙箱）确保"搭得快又不会塌"。

5.2 开发自定义资源接口：数据读取能力实现

如果说 MCP 服务器是一座高效运转、井然有序的智能集装箱码头，承载着海量数据与复杂任务的精准调度，那么“自定义资源接口”便如同码头中一队训练有素、灵活应变的“取箱机器人”——它们不仅能精准识别、对接各类“数据集装箱”的独特规格，更能根据实时需求灵活调整作业路径，高效完成资源的调取、转运与交付，让整个系统的资源流转如同码头装卸般顺畅高效，为上层业务的创新与拓展提供坚实而灵动的“后勤保障”。

装箱识别：确认箱号与货品类型（资源 ID 与 Schema）。

路径规划：选择最近的堆垛机或轨道吊（直连 SQL、REST API、消息流……）。

取箱搬运：把货物安全送到堆场调度塔（Context Orchestrator）。

回执上报：把重量、耗时、错误码写入监控中心（Observability）。

下面四个部分将按这一流程展开，先讲“岗位职责”，再讲解“工程要点”，最后用逐行注释的代码和数据流图帮助开发者把抽象概念落实到可复用模板。

5.2.1 装箱识别：资源声明与 Schema 定义

目标：告诉机器人“要搬什么箱子”。

- 唯一标识 rid：erp.orders, iot.temp_stream……
- Schema：用 JSON-Schema 或 Protobuf 描述字段、类型、单位。
- 元数据：拉取频率（TTL）、幂等性、权限域。

```yaml
YAML
# resources/orders.yaml —— 声明文件
id: erp.orders              # 资源唯一 ID
schema: schemas/order.json        # 输出结构
ttl: 5m                    # 缓存 5 分钟
auth: service-account:erp-ro       # 访问凭据
source:
  type: "sql"
  dsn: "postgresql://erp-ro@db/erp"
  query: "SELECT * FROM orders WHERE id = :order_id"
```

如同在集卡车头醒目处张贴一张智能“货运电子标签”，让后续每一个流转环节都能瞬间精准“读懂”货物信息，实现一眼识货、高效衔接。

5.2.2 路径规划：选型与接入模式

机器人如何走最短的路取到箱子？

场景	Source Type	接入协议	默认延迟	参考组件或产品
交易主数据	sql	JDBC/ODBC	ms 级别	Postgresql、Mysql
SaaS 服务	rest	HTTPS+OAuth	50-200ms	比如有赞、zendesk
工业时序流	stream	MQTT/Kafka	<1ms	Kafka, influxdb
对象存储	file	OBS/OSS	秒级	minio,CSV

针对不同技术场景的优化策略如下。

在 SQL 数据交互层面，建议采用连接池技术结合预编译语句的方案。连接池可实现数据库连接的复用与高效管理，避免频繁创建、销毁连接带来的性能损耗；预编译机制能有效防止 SQL 注入风险，并通过语句模板化提升执行效率，二者协同为数据访问层构建安全高效的交互通道。

对于 REST API 服务架构，推荐引入异步处理（Async）与 ETag 缓存机制。异步模式可显著提升请求并发处理能力，避免线程阻塞导致的资源浪费；ETag 缓存通过资源标识校验实现精准的缓存控制，减少不必要的数据传输，大幅优化 API 响应速度与带宽利用率。

在流数据处理场景中，长连接配合 Offset 管理策略更为适宜。长连接技术确保数据传输通道的持续稳定，降低连接建立的开销；Offset 机制则通过精确记录消费位置，实现消息的断点续传与顺序消费，保障流数据处理的完整性与一致性。

针对文件传输需求，建议采用 Range-GET 分块传输结合本地列式缓存方案。Range-GET 支持断点续传与多线程分片下载，显著提升了大文件传输效率；本地列式缓存通过结构化数据分片存储，实现高频访问数据的快速读取，有效降低远程存储访问压力。

5.2.3 取箱搬运：编码模板

erp_orders.py 给出了自定义资源读取器，下面是一个 demo 示例：

```python
Python
# adapters/erp_orders.py —— 自定义资源读取器
from mcp_sdk import resource                    # ①引入 MCP SDK 的装饰器
import asyncpg                          # ②使用异步 Postgres 客户端
import os, json, time                    # ③系统与序列化工具

@resource(schema="schemas/order.json", ttl="5m")   # ④注册资源 & 元数据
```

```
class OrderReader:                          # ⑤资源读取类
    """ 读取 ERP 订单信息，支持缓存与幂等 """        # ⑥类级 docstring 说明用途

    _pool = None                             # ⑦连接池单例

    @classmethod
    async def _get_pool(cls):
        """ 延迟初始化连接池，避免冷启动慢 """        # ⑧连接池懒加载
        if cls._pool is None:
            cls._pool = await asyncpg.create_pool(
                dsn=os.getenv("ERP_DSN"),        # ⑨从环境变量拿连接串
                min_size=2, max_size=8,          # ⑩连接池大小
                command_timeout=5)               # ⑪SQL 执行超时
        return cls._pool

    async def pull(self, order_id: str) -> dict:   # ⑫pull( ) 是统一入口
        cache_key = f"order:{order_id}"          # ⑬ 构造缓存键
        if cached := self.cache.get(cache_key):  # ⑭ 命中本地缓存直接返回
            return cached

        pool = await self._get_pool()            # ⑮ 获取连接池
        sql  = "SELECT data FROM orders WHERE id=$1"
        row  = await pool.fetchrow(sql, order_id) # ⑯ 执行参数化查询
        if row is None:                          # ⑰ 无结果兜底
            raise ValueError("order not found")

        data = json.loads(row["data"])           # ⑱ 反序列化 JSON 字段
        self.cache.set(cache_key, data, ttl=300)  # ⑲ 写入缓存 300 秒
        self.metrics.observe("pull_latency_ms",   # ⑳ 记录耗时指标
                    time.perf_counter()*1000)
        return data                              # ㉑ 返回供 Orchestrator 使用
```

缓存与 TTL 机制：如同智能仓储机器人将高频取用的货物箱，精心暂存于触手可及的“黄金通道”，既缩短了每次取用的路径，又通过预设的“滞留时效”（TTL）自动清理过期物品，确保通道始终高效流转。

连接池技术：恰似为机器人配备专属“直达仓库热线”，避免了每次取货都需

重新拨号建立连接的繁琐过程，通过复用现成通道大幅降低沟通成本，让物资调拨如行云流水般顺畅。

指标上报系统：好比在每个货运环节安装智能计数器，实时记录吊箱耗时、任务失败频次等关键数据，这些动态变化的“码头晴雨表”，能精准指导调度中心何时增派机器人，何时优化装卸流程，确保整个仓储系统始终保持最佳运力。

5.2.4 回执上报：Observability & 合约测试

为确保回执上报环节的稳定可靠与问题可追溯，需从可观测性建设与合约测试两方面构建保障体系。

1. 全链路追踪体系

通过 trace_id、resource_id 及 source_type 构建完整追踪维度，实现业务请求端到端可追溯。

2. 核心指标监控

重点采集 pull_latency_ms{rid="erp.orders"} 接口延迟数据，同步统计 error_total{rid=...} 异常指标，实时反映服务健康状态。

3. 智能合约测试机制

自动生成含指定 order ID 的 input 测试用例，调用 pull() 接口后将返回结果与预设 Schema 进行静态校验。CI 流程中触发测试失败时立即阻断发布流水线，有效规避“机器人抓取错误货箱”等生产事故。

执行代码：

```shell
# contract_test.sh —— 断言输出符合 Schema
schemav -s schemas/order.json -i fixtures/order_42.json
pytest -q tests/test_orders_adapter.py
```

请参考图 5-2 数据流图，箭头即机器人行进路线，虚线是“监控回执”。

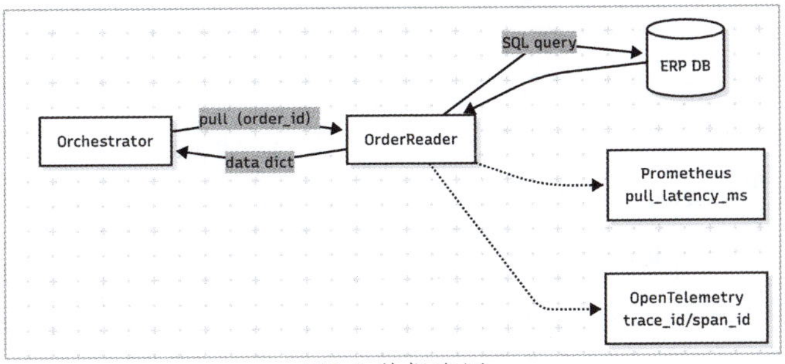

图5-2 数据流图

小 结

当这些原则深植于数据架构的每一处细节，开发者便拥有了一条真正意义上可插拔、可测量、可治理的高效数据读取流水线。无论是新接入一个 ERP 系统的结构化数据，还是整合一条 MQTT 设备流的实时信息，还是批量导入一批历史文件，都只需轻松两步：清晰声明数据契约（Schema），并实现简洁的 pull() 方法。此后，数据“机器人”便会自动将这些满载“事实”的“货箱”高效、安全地运送至中央调度塔，为大模型的推理决策持续注入最新鲜、最可靠的上下文“养料”，驱动 AI 认知不断贴近业务真相。

1. 声明即契约

数据流转，规范先行：先为“数据货箱”贴上清晰的“箱签”（Schema），再动手封装代码。Schema 便是数据的“装箱清单”，明确每一份数据的规格与内容，让协作双方对数据达成共识。

2. 异步 + 缓存

轻装上阵，效能倍增：让数据搬运的“机器人”能够“抬脚就走”，告别不必要的等待与空转。异步处理释放了即时响应压力，智能缓存则如同预设的补给站，让高频访问的数据触手可及，大幅提升流转效率。

3. 可观测

全程留痕，透明可控：数据的每一次“搬运之旅”都详细记录，行踪可溯。一旦发生故障，能够精准定位到“箱”，快速排查问题根源，确保数据链路的稳定与可靠。

4. 合约测试

虚拟演练，万无一失：持续集成（CI）环节就如同“虚拟码头”的实战演练，在数据正式“启航”前，对所有“装卸流程”和“货箱合规性”进行全面校验，确保上线时一切尽在掌握，杜绝意外“惊吓”。

5.3 实现工具能力：定义并暴露可操作方法

在码头这一充满活力的场景类比中，“工具能力”恰似一台巍然矗立的“多功能吊机”，它以钢铁臂膀般坚实可靠，精准而高效地吊运着各类任务“集装箱”，无论是沉重的数据巨石还是繁杂的流程构件，都能在其灵活操控下井然有序地流转，成为支撑整个工作“港口”高效运转的核心动力。

- 吊臂号码牌（Tool Manifest）：告诉所有人它能做什么。
- 吊臂操控室（Runtime+Sandbox）：保证抓取 / 放置动作安全可控。
- 排班系统（Scheduler）：决定何时、带哪些参数出动。
- 监控与规则审计（Observability+Policy）：记录每一次吊装的吨位、时长、成功率。

下面分四段阐述“定义并暴露可操作方法”的工程化落地路径，并在关键环节给出逐行注释的核心代码片段以便复用。

5.3.1 吊臂号码牌：Tool Manifest 声明

为何需要声明？这主要基于两方面考量：其一，实现解耦效果，业务层仅需聚焦“吊臂 ID 与对应参数”的核心信息交互，无须关注底层脚本语言的具体实现方式或服务部署的物理位置，这有效降低了系统间的耦合度；其二，强化治理能力，平台能够依托 Manifest 声明文件，自动化地注入流量控制、操作审计及故障回滚等关键策略，从而提升系统的可控性与安全性。

```yaml
YAML
# tools/notify_sms.yml —— 核心字段示例
id: notify_sms            # 吊臂唯一标识
runtime: "python3.11"         # 执行环境；也可 "wasi" / "node18"
entry: "python send.py"        # 启动命令
params:                     # 调用时允许的形参
  - name: phone
    type: string
    required: true
  - name: text
    type: string
    required: true
timeout: 5s                 # 单次作业超时
rate_limit: "60/m"           # 平均每分钟 60 次
idempotent: true              # 标记为“多次调用同结果”
version: "2.3.1"            # 语义版本；用于灰度
```

非幂等工具（如发奖品）要显式 idempotent:false，平台会自动附带重试幂等键。

Manifest 写进 Git，CD 流水线检测语法 + 安全策略，再上传至 Tool Registry。

5.3.2 吊臂操控室：Runtime+Sandbox

在执行环境的安全保障上，推荐选用 gVisor 或 WASI 来构建执行沙箱。为强化安全防护，默认情况下会关闭对外网的访问以及本地磁盘的写入操作，仅开放运行所需的端口，以此打造一个相对安全、隔离的运行空间。

在资源配额管理方面，系统借助 Manifest 来明确 CPU 和内存的使用上限，并通过 Sidecar cgroup 进行统一的资源配额下发，从而实现对资源的精准分配和高效管理。

对于冷启动问题的优化，针对那些高频使用的小工具，可采用 MicroVM（如 Firecracker）或者 Process - Level Reuse 技术。通过这些优化手段，P99 延迟能够从原本的 300ms 大幅降低至 40ms，显著提升系统的响应速度和运行效率。

参考代码命令如下：

```
Shell
# registry/build.sh —— 打包 & 发布
docker build -t mcp-tools/notify_sms:2.3.1 .
crane push mcp-tools/notify_sms:2.3.1 ghcr.io/acme/mcp-tools/notify_sms
mcpctl tools publish tools/notify_sms.yml
```

5.3.3 排班系统：Scheduler 调用栈

此举旨在通过可视化梳理任务触发、资源匹配、冲突检测、结果输出等核心环节的调用逻辑，帮助开发人员精准定位系统瓶颈，优化资源调度效率；同时为运维团队提供故障排查依据，提升系统稳定性，最终实现排班流程的智能化与自动化，满足企业复杂场景下的人力资源动态管理需求。Scheduler 调用栈全流程解析。

1. 意图解析与计划生成

Orchestrator 深度解析 LLM 自然语言意图或显式 JSON 指令，智能生成精准的 ToolPlan 执行方案。

2. 安全调度前置校验

Scheduler 依据 Manifest 元数据执行双重校验机制，先进行参数完整性与合法性校验，再通过速率控制算法实施流量监管。

3. 运行时环境沙箱化执行

Sidecar 组件以轻量级 runtime shim 模式启动隔离执行环境，实时捕获标准输出流（stdout）与错误流（stderr）。

4. 全链路追踪闭环

执行结果 / 错误码通过结构化数据格式封装后，自动写入分布式 Trace 系统，形成可追溯的完整调用链路记录。

参考代码命令如下：

```
Python
# tool_scheduler.py —— 关键逻辑片段
def dispatch(plan: ToolPlan):              # ①调度入口
    tm = registry.get(plan.tool_id)        # ②取 Manifest
```

```
validate(plan.args, tm.params)          # ③形参校验
if not quota.allow(plan.tool_id):       # ④速率检查
  raise RateLimitExceeded()

pod = runtime_pool.acquire(tm.runtime)     # ⑤取沙箱实例复用
cmd = build_cmd(tm.entry, plan.args)       # ⑥拼启动命令
result = pod.exec(cmd, timeout=tm.timeout)  # ⑦真正执行
trace.record(plan.tool_id, result)         # ⑧上报链路 & 指标
return result                   # ⑨ 回 Propagates to LLM
```

幂等保障：trace_id+tool_id+hash(args) 作为幂等键；若标记 idempotent=true，重复调用直接返回历史结果。

长耗时作业：Manifest 可写 mode:async，Scheduler 把任务投递到 Work Queue（如 NATS），返回 Job-ID，供轮询或 webhook。

5.3.4 监控规则审计台：Observability & Policy

为保障系统稳定运行与资源高效利用，以下从延迟、失败率、调用频次及资源用量四个核心维度构建监控规则审计体系。通过关键指标实时追踪工具监测响应性能、服务质量、成本分配及资源消耗情况，并结合 OpenTelemetry 全链路追踪架构，可直观定位流程瓶颈，为 SLA 达标、质量管控及资源优化提供数据支撑。具体监控规则如下表所示。

维度	指标示例	监控意义
延迟	tool_latency_seconds{tool="notify_sms"}	SLA & 冷启动洞察
失败率	tool_fail_total / tool_req_total	质量门禁
调用频次	tool_req_total{uid,tool}	成本分摊 & 审计
资源用量	cgroup CPU/Memory	超配 or 抢占

OpenTelemetry trace 结构：gateway → orchestrator → scheduler(span) → runtime(span)，方便“火焰图”直观定位瓶颈。

OPA/Rego Policy:

```
Shell
deny[msg] {
  input.tool == "db_wipe"    # 限制危险工具
  not input.subject.isAdmin
  msg := "only admin can wipe db"
}
```

小 结

为助力企业构建高效、灵活且可扩展的 AI 应用体系，MCP 服务器创新性地提出五大核心设计理念，为 AI 工具的快速开发与无缝集成奠定坚实基础。

1. Manifest-First（声明优先）

吊臂操作前需先行挂牌，平台排班方可有据可依；这里的声明文件（Manifest）犹如一份“能力合约”，清晰地定义工具的功能边界与交互规范，成为工具接入的第一道准入门槛。

2. Runtime-Neutral（运行时无关）

无论是 Python 的简洁高效、Go 的性能强劲，还是 Shell 的系统贴近、WASI 的安全轻量，只要工具遵守统一的输入 / 输出约定，均可如同标准化集装箱般被平台顺畅“抬箱”并调度执行。

3. 深度观测（Deep Observability）

通过全链路追踪与指标监控“三板斧”（如 latency、error rate、throughput），工具运行状态一目了然，使问题定位与容量规划从传统的“经验主义”跃升为数据驱动的精准决策。

4. 策略内建（Policy Built-in）

资源配额、操作幂等性保障、安全访问控制等关键策略均在平台层面深度内化，开发者得以从复杂的非业务逻辑中解放出来，全身心专注于核心业务价值的实现。

5. 版本友好（Version-Friendly）

灰度发布简化为版本号的优雅切换，调度器支持按租户隔离或流量百分比精确路由，确保系统在迭代升级过程中零停机，业务连续性不受丝毫影响。

借助这套机制，任何团队成员只需编写一份清晰的 Manifest 文件，辅以几十行核心业务代码，即可将新的“动作”工具快速接入企业 AI 生产线：

客服部门——仅需 5 分钟，便可便捷接入“退款 API 调用”工具，加速客户问题 resolution。

供应链团队——半天内即可上线定制化的“排程优化器”，提升供应链响应效率。

数据科学家——能随时将实验脚本封装为标准化“预测工具”，供 LLM 按需调度，加速 AI 能力的业务落地。

最终，MCP 服务器将散落各处的“工具能力”从影子脚本的状态中，正式升格为企业 AI 生态中的“一等公民”，成功构建起“数据→模型→动作”的完整闭环，如图 5-3 数据流“火柴人”图所示，促使 AI 不仅能智能生成洞察与答案，更能直接驱动实际业务操作，真正改变世界运行的方式。

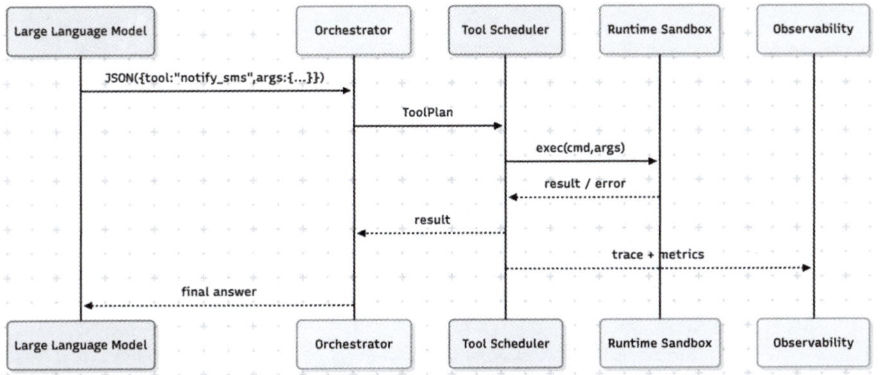

图5-3 数据流“火柴人”图

5.4 提示模板的设计与注册方式

在这座“智能集装箱码头”中，提示模板（Prompt Template）犹如贴在集装箱外侧的“装箱说明书”，清晰直观，让吊机操作员与船员都能一眼读懂。

说明书内容：写清货品种类与摆放顺序（提示文本＋变量占位）

- 版本号：告诉大家这是第 n 版装箱规范（语义化版本）。
- 登记处：集中管理所有说明书，签收、盖章、归档（模板注册中心）。
- 抽检岗：确保说明书没有错行、漏行、违禁信息（静态校验 | 审计）。

以下四节内容围绕这个比喻展开，关键代码只截取核心行并逐行注释，便于读者直接套用。

5.4.1 说明书内容：模板文件结构与语义元素

为了帮助读者更好地理解模板文件的组织方式及其核心构成要素，本章将详细介绍模板文件的结构与语义元素。

区块	作用	值
id	全局唯一标识	order_status_v2
version	语义版本	2.1.0
lang	默认语言	zh-CN
input_vars	必填变量清单	{"order","customer"}
body	提示正文	支持 Jinja2 占位、条件、循环
meta	业务标签	domain:crm, sensitivity:low

```yaml
YAML
# prompts/order_status_v2.yml —— 关键字段示例
id: order_status_v2            # ① 全局唯一模板 ID
version: "2.1.0"               # ② 语义化版本
lang: zh-CN                    # ③ 默认语言环境
input_vars:                    # ④ 占位符声明
  - order
  - customer
body: |                        # ⑤ 模板正文，支持 Jinja2 语法
  你是一名专业客服，请根据以下信息回答客户问题：
  - 订单编号：{{ order.id }}
  - 客户姓名：{{ customer.name }}
  {% if order.status == "delivered" %}
  订单已于 {{ order.delivered_at }} 送达，请提醒客户查收。
  {% else %}
  当前订单状态：{{ order.status }}，预估送达时间：{{ order.eta }}。
  {% endif %}
meta:                          # ⑥ 业务标签，供检索与灰度
  domain: crm
  sensitivity: low
```

设计要点：

- 自解释：变量名、if/for 等控制语句让模板既可读又可编排。
- 多语言：同 id 不同 lang 可共存，用于国际化灰度。

5.4.2 登记处：模板注册中心 & 版本治理

通过对发布流水线的管理与治理，有效地对“货品”进行版本管理，此处登记处将通过发挥控制货品说明书与货品的对应来降低版本不符的风险。并且提供灰度、回滚、A/B Test 等有效的工具，确保货品正确。Git → Registry 的三步流水线如下：

```bash
Bash
# 1. 开发分支提交
git add prompts/order_status_v2.yml
git commit -m "feat(prompt): order status v2.1.0"
```

```
# 2. CI 校验
mcp-lint prompts/order_status_v2.yml    # 模板字段 & Jinja2 渲染静态检查
pytest tests/test_prompt_render.py     # 单元测试：变量缺失、非法字符

# 3. CD 发布
mcpctl prompts publish prompts/order_status_v2.yml --tag 2.1.0
```

CI 如果发现 input_vars 与实际渲染不符，会直接阻断合并，避免出现“说明书少写货品”的情况。

场景	做法	示例
灰度	同 id，不同 version；Scheduler 按流量权重路由	2.1.0 → 2.2.0 先放 10%
回滚	调度器切回旧 tag	CLI: mcpctl traffic set order_status_v2 2.1.0 100%
A/B Test	各占 50% 自动比对 ctr/latency	Prometheus+ClickHouse

5.4.3 搬运流程：渲染管线 & 调度集成

码头的货物装卸流程与调度系统紧密配合，就像渲染管线与调度集成一样高效运作。当多艘货船（相同变量请求）同时到港时，调度系统会迅速规划出最优装卸通道（极速响应通道），让货物（数据）在码头工人（计算资源）的协作下实现“秒级装卸”（秒级返回），避免了重复搬运（重复计算）和船只长时间等待（用户等待），码头的货物吞吐量（系统吞吐效率）和船只停靠体验（服务体验）因此大幅提升。

如果某个集装箱（输出内容）出现破损或错装（异常），码头管理人员能立刻通过货物标签追溯到具体的装箱单版本（具体模板及其版本），快速锁定是哪个环节出了问题（问题排查与原因分析），确保码头运营（系统稳定性）和故障处理（故障自愈能力）始终高效。这套流程为节假日高峰期（复杂场景）的货物装卸（渲染任务）提供了可靠的作业效率（性能保障）和精准的问题定位方法。

参考代码如下：

```
Python
# prompt_engine.py —— 核心片段（逐行注释）
from jinja2 import Template                 # ①引入 Jinja2 引擎
from prompt_registry import get_tpl          # ②调模板注册中心

def render_prompt(tpl_id: str, lang: str, vars: dict) -> str:
```

```
tpl = get_tpl(tpl_id, lang)              # ③拉取指定版本模板
missing = set(tpl.input_vars) - vars.keys()  # ④校验必填变量
if missing:
  raise ValueError(f" 缺少变量：{missing}")

body = Template(tpl.body).render(**vars)    # ⑤ Jinja2 渲染正文
# ⑥ 关键渲染指标上报
metrics.observe("prompt.render_time_ms", ...)
return body                        # ⑦返回字符串给 LLM
```

- 冷缓存：首次渲染结果可写入 Redis 或本地 LRU，后续相同变量秒级返回。
- 链路追踪：trace_id → tpl_id@version 写入标签，方便找出哪个模板导致输出异常。

5.4.4 抽检岗：静态审计 + 动态观测

在码头货运抽检岗场景中，静态审计如同货运规则制定与单据核查机制，负责在货物抵港前审查货运单、装箱清单等静态数据，校验是否符合危险品运输规范、货物申报与实际品类是否一致等，提前拦截手续不全或不合规的货运单，从源头降低风险。

动态观测则类似现场抽检与实时监控环节，在货物装卸、存储过程中通过抽检样本、监控设备运行状态等方式，实时捕捉货物堆放是否违规、运输工具是否异常等动态信息，及时发现静态审计未覆盖的突发问题，两者协同实现货运全流程风险的事前预防与事中控制。

在不同阶段采用的工具如下：

阶段	检测项	工具 / 策略
CI	变量漂移——模板变量未在实际代码使用 违禁词——敏感词 / 隐私字段	mcp-lint DLP 规则 /regex
运行时	内容戳穿——输出触发敏感信息 异常爆长——body>16KB	Streaming Filter →即时 redact OTel metric+ 监控阈值切流
运营	ROI 监测——同一图多模板 AB 对比	Prometheus+ClickHouse

自动回滚策略示例：

```
Shell
policies:
  - if: "prompt.error_rate > 0.05 for 5m"
   then: "rollback(order_status_v2) to 2.1.0"
```

当渲染异常率连续 5 分钟 >5% 时，调度器立即回退到稳定版本。

小 结

为确保 MCP 服务器输出始终保持“连贯、可控、可信”，我们在此提出“让‘装箱说明书’成为一等公民”的核心理念，并构建了一套完整的体系。该体系主要包括以下五个方面。

1. 声明即契约

通过统一 YAML 结构与 Schema 校验，将接口规范固化，减少开发过程中的“口头约定”，确保信息传递的准确性和一致性。

2. 版本先行

采用语义化标签（tag）结合流量路由策略，实现灰度发布与版本回滚的秒级操作，极大地提升了迭代效率与风险控制能力。

3. 渲染可观测

对渲染时长、错误码、输出大小等关键指标进行全面打点监控，使“提示异常”的定位如同查询货箱磅单般清晰直观。

4. 安全内生

构建了覆盖 CI 阶段静态检测、Runtime 阶段流式过滤以及 Policy 驱动异常回滚的多层次安全防护体系。

5. 模块化复用

通过分片模板与变量基线的设计，使不同业务能够像复用“积木”一样快速组合，显著提升了开发效率和资源利用率。

借助这一体系，内容运营、业务产品、AI 工程师只需编写模板文件并提交 PR，即可将新的对话风格、业务脚本、国际化版本高速送上生产线；而平台侧的注册中心、灰度发布、观测回滚机制，则确保每一次提示变更都既快又稳。

5.5 能力声明与服务器初始化握手机制

在“智能集装箱码头”里，能力声明（Capability Manifest）就像贴在每个集装箱、吊机、拖车上的“电子护照”。

组件名称	功能描述	技术对应概念
护照信息页	记录身份证号（ID）、版本规格（Version）、有效期（Quota）等关键信息	服务元数据 (metadata)
入境海关	MCP 服务器启动时对护照逐一验真，进行初始化验证	服务初始化握手 (Init Handshake)
签证官	运行期间通过“心跳”机制持续核验护照有效性，监控健康指标	健康探针 (Health Probe)
签章机	发现护照失效时自动加盖“停用章”，并将相关货物隔离处理	动态降级 / 卸载 (Dynamic Degradation)

本文分四段展开，关键代码示例只展示不可或缺的核心行并附注释，帮助开发者把“护照—海关—签证”机制落地到任何 MCP 实例。

5.5.1 护照信息页：Capability Manifest 统一格式

护照信息页是护照的核心组成部分，集中承载持证人关键身份信息（如姓名、性别、国籍、出生日期、护照号码、有效期等）及生物特征数据（如照片），是国际旅行中证明持证人身份和国籍的法定文件，用于出入境边防检查、外国签证申请、在境外证明身份等关键场景，其信息的规范性、准确性和安全性直接关系到跨境身份核验的效率与有效性。

类比护照信息页对个人身份信息的标准化承载与核验作用，Capability Manifest 统一格式则旨在为各类系统、组件或服务的能力信息提供一个标准化的“信息页”，通过明确定义元件范围等核心要素，实现能力的清晰描述、统一注册与高效核验，确保不同主体间对能力的理解一致，提升系统集成、服务调用及功能互操作的准确性和效率。

- resource——数据读取插件。
- Tool——可执行动作。
- Prompt——提示模板（可选列入统一管理）。

护照对应的配置代码如下：

```yaml
YAML
# manifests/cap_resource_orders.yml —— 精简示例
kind: resource                  # ①类型
id: erp.orders                  # ②全局唯一 ID
version: "1.4.3"                # ③语义版本
owner: ERP_TEAM                 # ④责任团队
depends_on: []                  # ⑤依赖（空表示独立）
quota:
  tps: 100                      # ⑥每秒请求上限
  burst: 20
health_probe:                   # ⑦健康探针描述
  type: sql
  query: "SELECT 1"
checksum: "sha256:2f81…"        # ⑧ Manifest 签名 / 完整性
```

其设计焦点主要集中在三方面。

第一方面：统一 Schema——kind/id/version 必填，其余按类型扩展，CI 用

JSON-Schema 校验。

第二方面：可组合的依赖——depends_on 让工具可声明需要哪些资源或其他工具，方便握手时的拓扑排序。

第三方面：配额与探针——护照自身携带“自我体检”和“通关频率”，海关据此自动布控。

5.5.2 入境海关：启动阶段的握手（Bootstrap）

参照入境海关的流程：首先“发现和解 Manifest”，如海关接收货物清单，明确服务详情；接着“校验签名、Schema”，类比海关安检，确保信息真实无误；然后“依赖拓扑排序”，如同海关安排货物检查顺序，有序处理服务依赖；再“并发健康探针”，像海关对货物进行快速检测，验证服务状态；之后“注册到 Registry”，类似海关登记货物信息，实现服务注册；最后“生成 Capability Token 表”，如海关发放通行证，授权服务交互权限。

参考代码如下：

```python
# bootstrap.py —— 典型握手代码片段（行级注释）
import glob, yaml, hashlib, asyncio
from registry import register_capability

async def probe(cap):                        # ① 异步健康探针
  if cap["health_probe"]["type"] == "sql":
    ok = await sql_ping(cap["health_probe"]["query"])
  # …更多探针类型…
  if not ok:
    raise RuntimeError(f"probe failed: {cap['id']}")
  return cap

async def bootstrap():
  caps = []                        # ② 收集护照
  for path in glob.glob("manifests/*.yml"):
    raw = open(path, "rb").read()
    checksum = hashlib.sha256(raw).hexdigest()  # ③ 计算完整性
    cap = yaml.safe_load(raw)
    assert cap["checksum"].endswith(checksum[:8]) # ④ 签名比对
```

```
    caps.append(cap)

  # ⑤ 拓扑排序确保先初始化依赖
  caps = topo_sort_by_dep(caps)

  # ⑥ 并发健康探针
  await asyncio.gather(*(probe(c) for c in caps))

  # ⑦ 全部通过后注册
  for c in caps:
    register_capability(c["kind"], c)         # 写入内存 /Redis
  print("Bootstrap complete, all capabilities online")
```

- 失败即隔离——若探针挂，Manifest 状态置为 blocked，网关拒绝调度。
- 并发 & 超时——探针使用 asyncio.wait_for，默认 3s 超时以防假死。

5.5.3 外交签证官：运行期心跳与动态降级

假设将外交签证官的工作状态类比为系统运行，其中运行期间心态类似于签证官在日常稳定工作状态下，持续且规律地执行签证审核等核心任务，就如同系统在正常运行期间保持稳定的各项功能运转。签证官每日按既定流程接收签证申请、审核材料，以一种平稳有序的节奏开展工作，这便是运行期间应有的稳定心态与状态，对应系统持续稳定运行的各项既定功能。

而动态降级，就好比签证官遇到签证申请人数短时间内急剧增加，超出正常处理能力的情况。此时签证官可能会暂时简化一些非关键的审核流程，优先处理关键信息，确保大部分签证申请能得到快速处理，不至于使整个签证办理流程瘫痪。这类似于系统在遇到资源紧张、突发高负载等情况时，主动降低一些非核心功能的服务质量或暂时关闭某些次要功能，以保障核心功能的正常运行，也就是动态降级策略，通过放弃部分非关键功能来维持整体系统的基本可用。

机制	触发	行为
心跳	每 15s 吊机自报 ok/lateny	更新内存状态；Prometheus 记录
Quota 计数	每调用 +1；滑动窗口	超阈值→调度器 429
Error Sentinel	5min 内错误率 > 5 %	标记 degraded，降级到只读缓存或备份版本
Unhealthy	3 次心跳缺失或探针失败	标记 offline，流量 0%

```
Python
# heartbeat.py —— 核心循环
async def heartbeat_loop():
  while True:
    for cap in registry.all():
      ok, latency = await cap.ping()       # ① 调用组件自带 ping()
      registry.update_status(
        cap.id,
        status="ok" if ok else "fail",
        latency=latency)
    await asyncio.sleep(15)            # ② 循环间隔
降级策略例子：
Shell
# opa/policies/capability.rego
deny[msg] {
  input.capability.status == "offline"
  msg := sprintf("%s is offline", [input.capability.id])
}
```

调度器在每次调用前查询 OPA，deny 即刻返回错误，客户端可重试 / 兜底。

5.5.4 签章机：热插拔、回滚与自动扩容

签章机需保障连续可靠运行，热插拔、回滚与自动扩容是关键支撑技术，其差异显著：热插拔聚焦硬件层面，支持签章模块在线更换，如硒鼓、印鉴组件故障时无需停机，通过冗余设计与触点保护机制，实现“零中断”维护，核心解决设备可用性问题；回滚针对软件异常，当固件升级或配置错误导致签章逻辑失效（如电子签章验签失败），系统自动触发快照恢复，基于预设时间点的数据回退至稳定状态，保障签章合规性；自动扩容则面向负载波动，在批量合同签章场景下，通过监控 CPU、内存占用率，动态调度云计算资源或激活备用签章节点，避免并发量突增导致的响应延迟。

三者分别从硬件维护、故障恢复、性能弹性维度构建签章机的高可用体系，热插拔保障物理连续性，回滚确保逻辑正确性，自动扩容应对动态负载。

在技术层面则采用如下方法。

1. 热插拔

新增 Manifest → CI 校验通过→ bootstrap 子流程只加载增量文件→注册成功后即刻可调度。

2. 快速回滚

管理员 CLI：mcpctl capability disable erp.orders@1.4.3 --reason "data drift"

Registry 状态改为 blocked →调度器查询结果立刻停止调用。

3. 容量弹性

当 latency_p95 连续 3min>SLA，自动触发 Horizontal Pod Autoscaler 给对应资源 / 工具横向扩容。

Manifest 可设置 scale_max 限制，以防止过度扩展导致成本超标。

小 结

为保障服务器集群高效协同与长期稳定运行，MCP 服务器构建了一套以“护照—海关—签证—法规—热插拔”为核心的全生命周期治理机制，如图 5-4 所示。

1. Manifest= 护照

统一格式并带签名，内置配额与探针信息，实现“开发即治理”，为组件接入提供合规凭证。

2. Bootstrap= 海关

启动阶段通过一次性拓扑排序与探针校验，严格拦截不合规组件，确保“货箱合规入港”。

3. Heartbeat= 签证

运行期间持续健康打点，异常组件自动降级隔离，避免故障扩散引发全港连锁风险。

4. Policy= 法规

基于 OPA/Rego 将安全与配额逻辑外置，支持规则随业务演进而热更新，灵活适配动态需求。

5. 热插拔 = 创新跑道

新能力提交“护照”即可快速上线，旧能力随时停用，显著降低试错成本。

通过这套机制，MCP 服务器将资源、工具、提示模板等多元组件纳入统一治理平面，实现三大核心价值：上线“快”（新组件通过探针验证即可调度）、下线“稳”（失效组件即时封存，不影响主线流程）、运维“透”（健康状态、配额使用、依赖关系全链路可视化）。最终，企业 AI 平台既能快速扩展新能力，又能在复杂的环境中保持秩序，确保“数据→模型→行动”的永续流转。

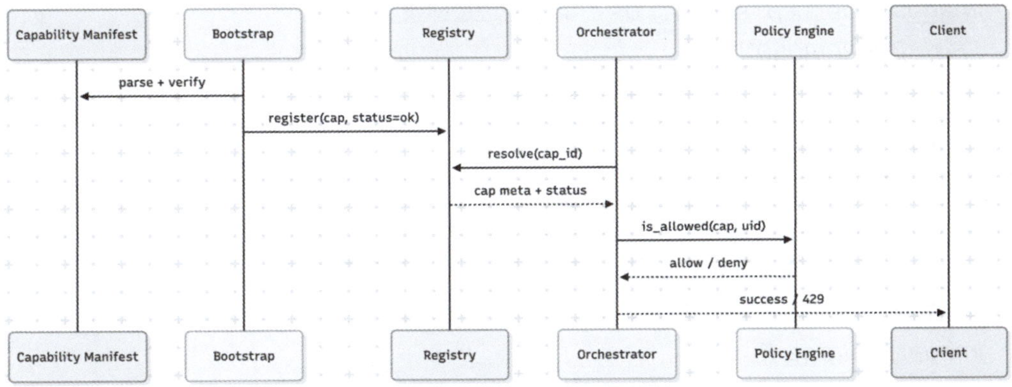

图5-4 数据序列图：从护照到调度

5.6 部署与本地测试流程指导

如果正式运行的 MCP 服务器是一座 24 小时 ×7 天的“深水集装箱码头”，那么部署与本地测试流程就像“离岸演练港 + 分段试航”。

- 离岸演练港（本地 docker-compose）——工程师在“微缩码头”里预排堆位、校准吊机动作。
- 试航一：单元 & 合约测试——用模型船在静水中验证每块甲板不漏水。
- 试航二：集成 & 负载测试——开足马力跑高峰航线，测导航、测油耗。
- 试航三：灰度发布——小型船队先驶入主航道，观察潮汐与流速。
- 紧急锚点 & 回拖（回滚）——暴风突至时把船拖回安全水域。

下面沿这五段航程展开，每段给出关键命令 / 配置片段并附行内注释；辅助以表格和时序图，将“码头预演”落实到实际 CI/CD 中。

5.6.1 离岸演练港：本地 Docker-Compose 快速起港

万事准备完毕，终于可以发船出港，但出发前，要做好演练。相对应的，要使用 Docker-Compose 为准备起航的船只做好出发前的准备，比如：确定 mcp-server 主镜像，挂载本地“护照”即配置，确定本地启动的访问端口等。通过简单的命令，即可让服务启动起来，完成测试与验证。

```yaml
YAML
# docker-compose.yml —— 精简核心行 + 注释
version: "3.9"
services:
  mcp:
```

```
  image: acme/mcp-server:1.0       # ①主进程镜像
  ports: ["8080:8080"]
  env_file: .env             # ②本地环境变量
  depends_on: [postgres, redis]
  volumes
:
   - ./manifests:/app/manifests    # ③挂载本地护照 / 模板
 postgres:
  image: postgres:15
  environment:
   POSTGRES_USER: mcp
   POSTGRES_PASSWORD: mcp
 redis:
  image: redis:7
 grafana:
  image: grafana/grafana-oss:10
  ports: ["3000:3000"]          # ④本地观测仪表盘
```

要点：

- 一条 docker compose up -d 即拉起“迷你码头”，10 分钟内完成冷启动。
- 热重载，开发时改模板 / 工具代码，容器挂载路径 → 秒级刷新。

5.6.2 试航一：单元 & 合约测试（UT/Contract）

正式起航前，要做好试航，确保在长途运输过程中没有问题，这就要求做好测试，通过对单元和合约的测试，来确保整个服务是稳定正确的。在这里，设计了三个触发时机来启动试航过程。

阶段	工具	覆盖范围	触发时机
UT	pytest -q	资源 adapter、工具核心逻辑	每次 commit
Schema Contract	schemv,mcp-lint	Manifest & Prompt YAML	PR gate
Mock Sandbox	pytest-asyncio	Tool Executor 不起真实容器	PR gate

```
Python
# tests/test_order_reader.py —— 关键行
from adapters.erp_orders import OrderReader
import pytest, asyncio
```

```
@pytest.mark.asyncio
async def test_pull_ok(snapshot):        # ① 快照测试输出稳定性
    data = await OrderReader().pull("42")
    snapshot.assert_match(data)         # ② 断言字段未漂移
```

要点：

- 快照（snapshot）测试，防止字段误删、改名；变更需显示更新快照和评审。
- 契约失败阻断合并，错误率零容忍，避免“有沙眼的船板”驶向下游。

5.6.3 试航二：集成 & 负载测试（IT/LT）

完成第一阶段试运行之后，要考虑对整个码头的功能验证，包括各个环节和承载货物量级的验证，确保启动后万无一失。所以可以借助集成与复杂测试对整个过程进行评估。

1. 本地一键集成脚本

可以通过以下 bash 脚本命令在本地快速启动测试流程：

```
Bash
# scripts/run_it.sh —— 关键命令
docker compose exec mcp python scripts/load_test_seed.py  # 写入基准数据
locust -f tests/locust_scenarios.py --headless -u 100 -r 20 \
  --run-time 2m --host http://localhost:8080       # ① 100 并发用户
```

Locust 场景：30% 聊天 /50% 数据查询 /20% 工具调用，覆盖主干链路。

阈值：P95<250ms，错误率 <0.2%，超标即 CI fail。

2. 预生产负载回放

Captured trace-id list → Replayer → Staging 环境重放真实 24h 高峰流。

指标对比脚本：若发现新版本 P95 latency ↑ >10% 或 error ↑ >1%，自动终止部署。

5.6.4 试航三：灰度发布流水线

不得不考虑一个关键的工作，就是智能装货码头构建好之后，会随着整体贸易的变化，对不同部分的功能进行调整。这就需要从整个流程中抽出一部分流程进行模拟测试，既不让这部分调整影响大局，也可以使业务进行一些实际场景的验证。灰度发布很好地解决了这个问题。下面是对灰度发布的配置代码：

```yaml
YAML
# .github/workflows/cd.yml —— 核心水段
deploy:
 steps:
  - run: helm upgrade --install mcp charts/mcp \
    --set image.tag=${{ github.sha }}      # ① 镜像用 commit hash
  - run: mcpctl traffic set mcp 5%        # ② 初始灰度 5%
  - run: python scripts/watch_sla.py --min 30  # ③ 30 min SLA 监控
  - if: ${{ failure() }}
   run: mcpctl traffic rollback           # ④ 自动回滚
  - run: mcpctl traffic set mcp 100%       # ⑤ SLA 通过提升至全量
```

Helm Chart 把 Postgres/Redis/Grafana 作为子 chart，可单条命令升 / 降版本。

智能流量开关：脚本监听 tool_fail_ratio, prompt.render_latency 等指标，在异常时暂停放流。

5.6.5 紧急锚点 & 回拖：回滚 / 热修补

构建一键回滚能力，保障“暴风中迅速抛锚”，在突发故障时快速止损，确保业务“不翻船”，支持在运行中完成自我修复，将损失降到最低。所以需要用时短且快速的工具来完成相关工作。

场景	操作	耗时
镜像 Bug	helm rollback mcp 32	<32s
Manifest 误配	mcpctl capability disable id@ver	实时
工具雪崩	mcpctl traffic set tool:notify_sms 0%	<5s
提示漂移	mcpctl prompts pin order_status_v2 2.1.0	实时

热修补示例：

```shell
Shell
# 定位失败率突增的吊机
kubectl top pod -l tool=notify_sms | sort -k3 -n
# 扩容副本
kubectl scale deploy notify_sms --replicas=6
```

Prometheus+Loki 在回滚后仍可查询故障前 metrics/logs，方便根因分析。

小结

为实现 MCP 服务器向“即插即升、永续运营”的企业级 AI 码头高效交付，本节提出“离岸演练—分段试航—动态航行”全流程衔接方案，通过工具链协同与自动化机制，确保业务从开发测试到稳定运行的无缝过渡，兼顾快速迭代与稳态治理，如图 5-5 所示。

核心支撑体系：

1. 迷你码头构建

10 分钟内可拉起的 Compose 环境，实现“人人可复现”的标准化离岸演练底座。

2. 船板质量保障

UT（单元测试）+ Contract（契约测试）双重验证，确保底层“船板无孔”（基础组件稳定可靠）。

3. 航速预先测定

IT（集成测试）+ Locust（性能测试）模拟负载，提前验证系统“航速”（性能指标）。

4. 主航道安全管控

Helm+ mcpctl 流水线实现自动灰度发布与回滚，作为正式环境的“安全阀”。

5. 潮汐动态调优

全链路观测 + SLA Gate（服务等级协议卡点），实时感知“潮汐涌动”（流量波动）并动态调整资源策略。

6. 应急锚定机制

一键回拖能力保障“暴风中迅速抛锚”，在突发故障时快速止损，确保业务“不翻船”。

通过上述流程，团队既能实现秒速试错、昼夜迭代的敏捷开发，又能在业务高峰浪潮中保持稳态治理，最终将 MCP 服务器打造为具备高可用性与弹性扩展能力的企业级 AI 基础设施。

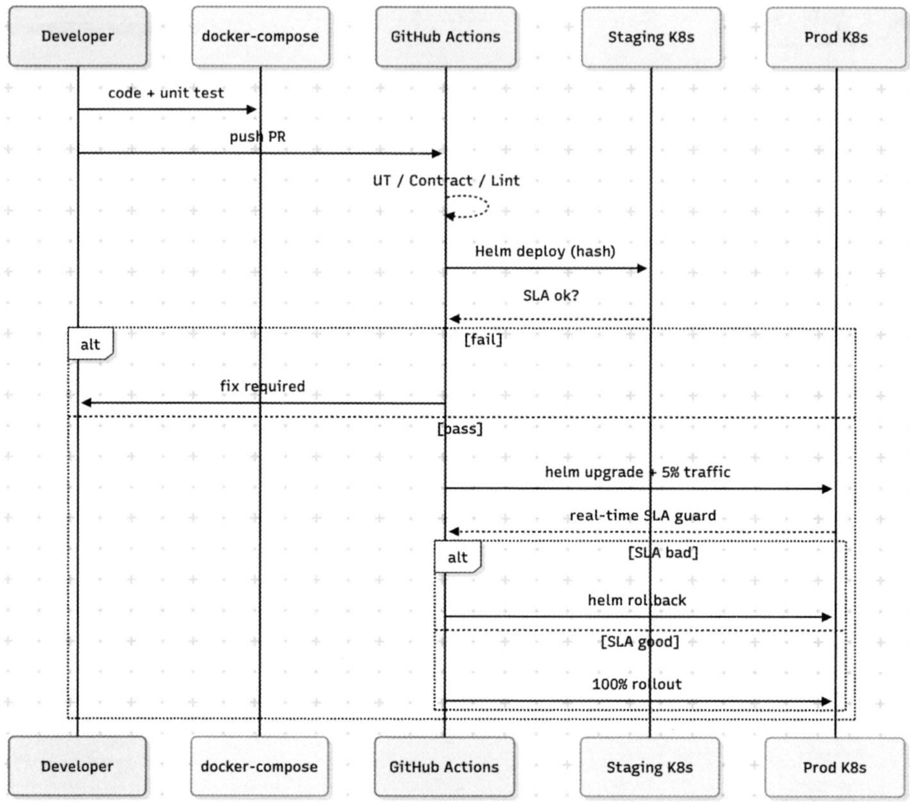
Developer
docker-compose
GitHub Actions
Staging K8s
Prod K8s
code + unit test
push PR
UT / Contract / Lint
Helm deploy (hash)
SLA ok?
alt
[fail]
fix required
[pass]
helm upgrade + 5% traffic
real-time SLA guard
alt
[SLA bad]
helm rollback
[SLA good]
100% rollout

图5-5全流程时序图

第6章

构建MCP客户端：将AI模型与服务集成

上一章提到，我们把MCP服务器描述成24小时运作的智能集装箱码头，能将数据、工具与上下文按统一语义标准整合，让AI能力融入企业价值链。但服务器需MCP客户端配合才能发挥作用，MCP客户端的作用就是将模型请求、资源查询和工具计划打包成Invoke Request，在不同网络环境中传输并确保安全送达，再把流式的Invoke Response转化为业务可用的结果。

MCP客户端自身存储会话信息，通过gRPC或Web Socket长连接，以20秒一次的HTTP/2PING确认与服务器的连接；其内置的负载均衡器能规划传输路径，可采用简单轮询，也能通过“挑两个随机、选延迟更小”的Pick-2 Choose策略在全球节点中动态选择目标服务器。当网络出现问题时，应急系统会启动指数退避与断路器机制，先减缓传输速度，若问题仍存在则中断连接，避免无效传输。同时，Prometheus与OpenTelemetry会实时监控并反馈传输的RTT、错误率及配额使用情况，方便运维人员掌握传输状态。

MCP客户端至关重要，因为如今AI不仅运行在云端GPU，还应用于手机、边缘网关、无人机和云函数等场景。只有将连接管理、路由策略、容错重连和观测打点整合为统一的、声明式驱动的SDK，企业才能实现“一次集成，随处调用”，确保客服机器人在弱网环境下正常响应、车间PLC能快速与大模型交互、云函数冷启动时无须重复建立连接。

接下来的五个小节，将分别解析客户端底层的双向流与会话缓存，说明连接池的启动与Keep-Alive的维持方法，探讨多服务器并发与延迟感知路由，深入讲解指数退避与断路器的设计，最后给出Web后端、移动端、边缘节点、云函数与批处理作业等多场景的接入案例。掌握这些内容，AI模型就能像集装箱货物一样精准送达各业务场景，研发人员只需修改一行配置，治理团队也能通过统一指标对整个传输链路进行计量、配额管理与审计，MCP客户端也正是为“数据—模型—行动”闭环提供了关键支撑。

6.1 MCP 客户端工作原理解析

在服务器端的“智能集装箱码头”已经全面启动之后，MCP 客户端就成了出海的第一艘拖船——它必须把上层应用里看似松散的三件事整合成一次平稳的航行：人机对话语料、业务数据上下文、外部动作计划。为了完成这项工作，客户端在本地进程里悄悄搭建起一条“微缩货运链”，如图 6-1 所示。

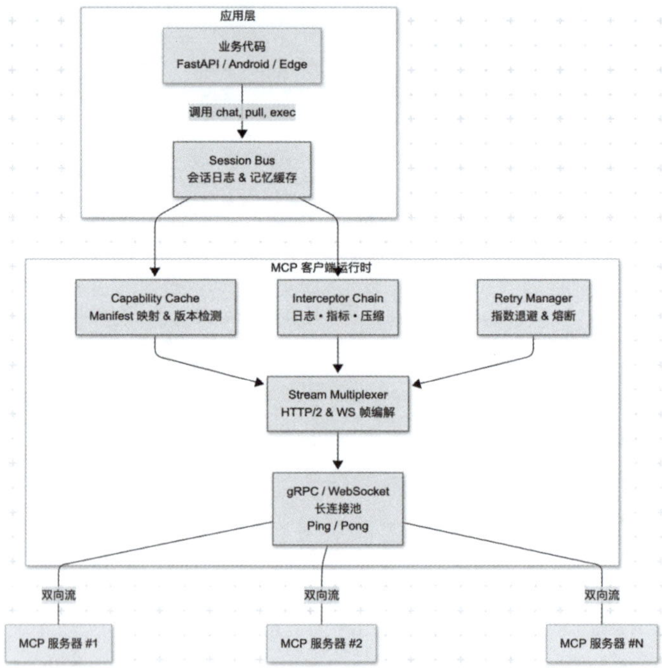

图6-1整体MCP客户端工作结构

1. 会话总线（Session Bus）——拖船的驾驶舱

每当调用方发出 client.chat()，SDK 先在内存里为这次对话分配一张“航行日志”——session_id。日志中包含历史轮次、嵌入向量索引、最后一次模型回复，以及悬而未决的工具调用回执。借助这一总线，同一应用线程里的多条对话可以并行，却互不干扰；而跨线程共享又通过无锁哈希表配合引用计数实现，保证高并发场景不被锁竞争拖慢。

2. 能力缓存（Capability Cache）——船舱货柜区

客户端在第一次与服务器握手时会收到一份 Capability Manifest，列出可用的资源适配器、工具执行器和提示模板版本号。SDK 把这份清单缓存到本地 LRU，随后每次调用只需比对版本哈希即可判断是否增量刷新，大幅减少 Manifest 的重复传输。资源与工具的输入输出模式也在此阶段映射成 Python dataclass/Kotlin data class 之类的强类型对象，因此业务代码不必显式进行 JSON 序列化，读写都像访问普通字段一样便捷。

3. 数据流选择器（Stream Multiplexer）——货柜装卸臂

真正的数据帧由 Multiplexer 负责切分与重组：在 gRPC 模式下，它把长文本与二进制嵌入拆成多个 HTTP/2 DATA 帧；在 WebSocket 模式下，则用自定义二进制 opcode 将推理 token、工具回调及错误元数据字段标注清晰。Multiplexer 维持一个异步发送循环与一个异步接收循环，每个循环都挂在事件环（asyncio 或 Go runtime）上，确保单线程可同时服务数百条流，不因线程切换而浪费调度时间片。

```
Shell
# 极简示例：一次调用在拦截器链的封装过程
payload = build_request(text, session_id, capability_tags)
await multiplexer.send(payload)          # 进入发送循环
async for frame in multiplexer.recv():      # 持续读取响应帧
  process_frame(frame)          # 解析 token/ 工具回执
```

4. 拦截器链（Interceptor Chain）——集成监控与治理的船桥

SDK 在 Send/Recv 两侧各插入一段可插拔拦截器：日志拦截器把 trace_id、user_id 注入到结构化日志中；指标拦截器记录从 send 到 first_token_latency_ms 的首字节延迟以及整段对话耗时；压缩拦截器在移动端自动启用 Brotli，以节省流量。整个链路任何一环出现异常都会冒泡到最外层，由 Retry Manager 判定是否可重试并按指数退避调度。

5. Retry Manager 与熔断器——应急返航舱

针对可恢复错误（如 UNAVAILABLE），Retry Manager 计算重试窗口；若在同一节点上连续 5 次失败，则熔断器把该节点的权重降至 0 并向路由器发出告警，使后续请求自动转移到健康节点。重试过程中，幂等请求依靠请求头里的 idemp-key 去重，避免重复扣费或重复写库。

当这五个子系统协同工作时，一条看似简单的“调用大模型问订单状态”请求，其实在客户端内部已经完成了“会话续写、权限检查、资源预取、数据压缩、链路打点、失败兜底”的全套动作，最终把业务逻辑与底层网络细节隔离得干干净净。正因为如此，开发者只需关心“我想问什么”，而不必反复实现 DNS 发现、TLS 握手、幂等重试这些枯燥却高风险的底层工程；同样的一段业务代码既可以跑在 FastAPI 后端，也能被 Kotlin 移动端或 Go 边缘网关调用，这才真正实现了“一次集成，随处调用”的承诺——MCP 客户端由此成为连接模型与服务、让智能能力流动起来的第一艘可靠渡船。

6.2 启动与管理客户端连接

在“智能集装箱码头”里，客户端连接就像拖船抛出的“系泊缆绳”。

- 缆绳规格单→写明目标港口与安全参数（通道选型、TLS、Keep-Alive）。
- 抛缆靠岸→第一次握手，把船头稳稳系在系缆桩上（TCP/TLS + ALPN）。
- 瞭望塔→船员按固定节拍晃动缆绳，确认港口回应（PING/PONG 心跳）。
- 修缆工棚→风浪断缆时，快速换新绳并记录事故（指数退避 + 断路器）。

下文按这四步展开，用逐行注释代码揭示“启动与管理客户端连接”的工程细节。

1. 缆绳规格单：通道选型与参数声明

在创建 MCPClient() 之前，SDK 会读取一份 Channel Manifest（通常是 YAML 或环境变量），它列出目标端点、TLS 证书、Keep-Alive 频率和最大重连回退等关键参数。Manifest 由 DevOps 在部署阶段下发，写清“要去哪、怎么绑、绑多久”。

```
YAML
endpoint: "dns:///mcp-svc"     # ① SRV 记录提供多港口地址
keepalive_ms: 20000         # ② 20 s 发送一次 PING
max_backoff_s: 32          # ③ 重连退避上限
tls:
  ca: "/etc/ssl/ca.pem"
  client_cert: "/etc/ssl/app.pem"
```

Manifest →代码被解析为 ChannelOptions，从而任何语言 SDK 都能共享一套“缆绳规格”。

2. 抛缆靠岸：初次握手流程

创建客户端实例时，SDK 会走三段式 Bootstrap：解析域名→建立 TCP/TLS →发起 HTTP/2 或 WebSocket 升级。成功后把子通道放进父通道优先队列，记录状态 READY 并打点 connection_established_total。

```
Python
# 逐行注释：Python gRPC 通道启动
channel = grpc.aio.secure_channel(          # ① TLS + HTTP/2
  target="dns:///mcp-svc",
  credentials=grpc.ssl_channel_credentials(
    root_certificates=open(CA, "rb").read(),  # ② 根证书
    private_key=open(KEY, "rb").read(),
```

```
        certificate_chain=open(CERT, "rb").read(),
    ),
    options=[
        ("grpc.keepalive_time_ms", 20000),       # ③ PING 周期
        ("grpc.enable_retries", 1),             # ④ 启用透明重试
        ("grpc.initial_reconnect_backoff_ms", 500) # ⑤ 初退 0.5 s
    ],
)
await channel.channel_ready()               # ⑥ 阻塞到就绪
```

这种“一次握手，终身复用”的父通道能承载成百上千条并发流，不必每次对话都重复 TLS 握手。

3. 瞭望塔：Keep-Alive 心跳与状态监测

连接建立后，Connection Supervisor 进入值班模式。

（1）每 keepalive_ms 发送 PING 帧。

（2）若 3 × RTT 未得 PONG，则将子通道标记 IDLE。

（3）IDLE 通道在 60s 内若无新流量，则自动关闭，节省 socket 句柄。

Supervisor 把各子通道状态写入环形缓冲并暴露 Prometheus 指标：mcp_client_channel_state{state="READY"}，运维可直接在 Grafana 看见哪些港口拥堵或掉线。

4. 修缆工棚：退避重连与熔断保护

海况恶劣时，缆绳可能被暗流拉断。SDK 的 Backoff Manager 采用 Full Jitter 退避：delay = random(0, base × 2^attempt)，默认 base=0.5s，最大 cap=Manifest 配置。连续 5 UNAVAILABLE 后，Circuit Breaker 把该子通道置为 TRANSIENT_FAILURE，并在 30s 内快速失败，防止请求雪崩。成功重连后，熔断器进入 HALF-OPEN，需要一条试探流通过才恢复 READY。

代码片段（概念化）：

```python
async def ensure_ready(conn):
    for attempt in range(MAX):
        try:
            await conn.channel_ready()
            breaker.close()          # ① 恢复正常
            return
        except grpc.AioRpcError as e:
            breaker.record_failure()
```

```
        await asyncio.sleep(backoff(attempt))
    breaker.open(timeout=30)          # ② 熔断 30 s
```

在移动端 4G ⟷ Wi-Fi 切换时，底层 TCP 很容易半开，Supervisor 会检测到 PING 超时，立即换用备用端点，应用层对话却无感知——就像船长半夜换了缆绳，船客仍在舱内安睡。

“启动与管理客户端连接”这一小节，其实就是为拖船准备一根粗壮、灵活且自愈的系泊缆绳：Manifest 写明规格，Bootstrap 把缆绳挂上桩，Keep-Alive 让船员定时晃绳确认安全，而 Backoff+Breaker 则在风浪中断缆时迅速补绳，避免撞港。理解并实现这条流程意味着 MCP 客户端可以在全球多港口之间自由航行而不失联，为之后的负载路由、错误重试和多端集成奠定坚实的网络基础，如图 6-2 所示。

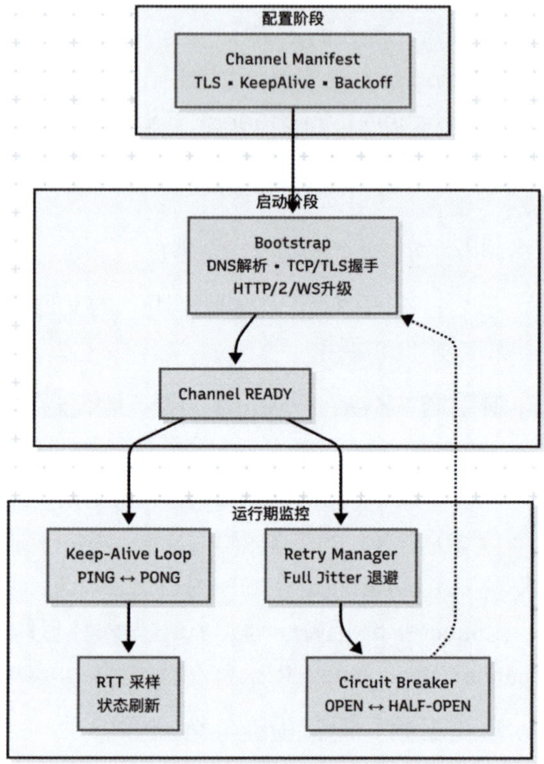

图6-2 连接生命周期

6.3 多服务器并发与调用路由策略

如果“启动与管理连接”解决了拖船与单一港口的系缆问题，那么多服务器并发与路由策略 关注的就是“海图巡航”。

- 灯塔与航标→发现所有可用码头（服务发现 +RTT 采样）。
- 航线评分卡→实时记录风速、潮汐、泊位余量（负载与配额监测）。
- 舵轮算法→根据评分挑选最近、最空、最省油的航线（路由策略）。
- 动态压载舱→在潮汐变化时自动调平船体（自适应并发与配额守护）。

1. 灯塔与航标：服务发现与路由表初始化

客户端启动后第一件事，就是用 Name Resolver 把 dns:///mcp-svc 解析为一组 Endpoint。解析器不仅取 A 记录，还读 SRV/TXT：若 TXT 中携带 meta=region:us-east-1,weight:2，SDK 会把节点权重填进路由表。解析完毕，Connection Supervisor 对每条 Endpoint 发送并发 TCP SYN，测一次冷 RTT，并把结果缓存进本地路由。这套流程类似船长夜航时先瞭望灯塔，再用雷达测距，为后续算法提供原始航标。

2. 航线评分卡：实时健康与负载采样

每条子通道在 Keep-Alive 回 ACK 时，Supervisor 会记录 smoothed_rtt 与 in_flight_streams；当服务器返回 quota-exhausted 或客户端本地信号量归零时，还会为节点打一个“拥堵”标签。这样在任何时刻，路由器都能取到一张包含延迟、并发、配额三维度的实时评分卡。运维端只要把 mcp_client_route_latency_ms{endpoint=…} 指标接到 Grafana，就能肉眼追踪哪些港口风平浪静哪些港口波涛汹涌。

3. 舵轮算法：三种延迟 / 负载感知路由

Round-Robin 对单机房、同构 GPU 节点足够；但一旦跨地域或异构算力，就容易让低配节点背上“过载悲剧”。SDK 默认启用 P2C(Pick-Two-Choose)：随机挑两个节点，谁的 score=latency × α +inflight × β 更小就选谁；α 、β 默认 0.7 与 0.3，可在 Channel Manifest 调参。如果节点数 ≤4 或权重差异极大，路由器退化到 Weighted Random：

```Shell
score = 1 / ((latency_ms + 1) * (inflight + 1))
weight = quota_left * score      # 余量越多、延迟越低权重越大
choice = random.choices(nodes, [n.weight for n in nodes])[0]
```

算法成本为 0（1），且只依赖本地采样，不需额外探测流量，非常适合移动端与边缘设备这种带宽受限场景。

4. 动态压载舱：配额守护与并发调度

Manifest 中每个服务器都会声明 quota.tps；客户端将其转译为一把 Endpoint-Semaphore。当路由器选定节点后，会尝试非阻塞 sem.acquire()。

成功→立即发流，并在响应结束时 sem.release()。

失败→视调用优先级排队或换节点。

排队队列按 LIFO+TTL 设计，避免旧请求“鞭长莫及”。若一条高优先级流排队超 500ms，客户端会强行借用其余节点的信号量（借贷上限 10%），以保证关键业务不雪崩。借贷动作会被打日志并在 30 分钟后归还，形成“动态压载”效果。

5. 自适应再平衡：潮汐突变时的航向修订

当某节点的 fail_ratio 在 5 分钟内高于 5%，Supervisor 会自动把其权重降为 0

并进入观望期；达到观望期后若健康度恢复，权重以指数方式缓升，避免流量瞬时洪峰压垮故障节点。反之，若全集群延迟普遍飙高，路由器会把 α 系数从 0.7 提高到 0.9，把延迟视作主导指标，引导流量漂向时延较低的地域。整个过程不需要 Ops 手动干预，就像船队在洋流突变时自动转舵、重新压载，让航线始终保持最优的油耗与安全冗余。

```python
# 路由器核心片段（概念化）
def pick_node(nodes):
  a, b = random.sample(nodes, 2)          # P2C 挑两台
  def calc(n):
    score = n.latency_ms * 0.7 + n.inflight * 0.3
    return score if n.quota_left else inf
  return min((a, calc(a)), (b, calc(b)), key=lambda x: x[1])[0]
```

多服务器并发与路由策略把客户端升级为一位懂洋流、识潮汐的资深船长：服务发现与 RTT 采样犹如灯塔与航标，持续为每条航线刷新延迟和拥堵信号；P2C、Weighted Random 等舵轮算法实时计算“最短—最空—最安全”路线，将流量导向最佳节点；配额信号量和自适应再平衡机制则像压载舱与可调舵，在配额耗尽或节点抖动时自动调节并发与权重，避免船队侧翻。借助这套“灯塔——评分卡——舵轮——压载”闭环，MCP 客户端无须人工干预也能把 AI 调用稳稳送往最合适的服务器节点，在全球多机房、异构算力和突发洪峰的海况下始终保持高吞吐、低抖动与优雅退避，如图 6-3 所示。

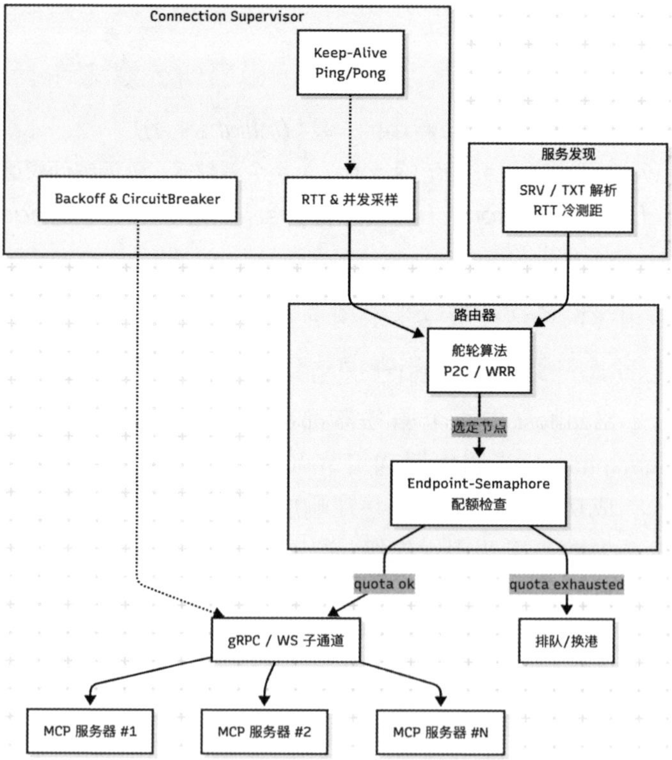

图6-3 并发与调用路由结构

6.4 常见错误处理与重连机制设计

在航海语境里，错误处理与重连好比拖船在暴风雨中的“风浪应急体系”：

- 故障信号灯→第一时间分辨暗礁还是风浪（错误分类）。
- 风浪缓冲带→先松缆、降速，再择机提速（指数退避 + 抖动）。
- 断路熔锚→连续遇险时扔锚停船，待海况缓和再起锚（断路器）。
- 幂等保险栓→重复下锚也不砸自家船（请求去重与赔偿键）。
- 观测与警笛→把风速、浪高和应急次数实时上传到警报塔（Metrics & Logs）。

1. 故障信号灯：错误快速分级

收到服务器响应或网络异常时，拦截器首先依据 gRPC/HTTP 状态码把错误分为三档。

故障类型	Grpc/HTTP 状态码	典型场景说明
可重试故障	UNAVAILABLE DEADLINE_EXCEEDED ABORTED	对应暂时性断线或服务器过载
半可重试故障	RESOURCE_EXHAUSTED	节点配额告罄，需要换港或排队
不可重试故障	INVALID_ARGUMENT PERMISSION_DENIED	参数或权限问题，直接上浮给业务

这一映射记录在常量表，便于开发者覆盖，而默认分类足以覆盖 95% 的现场场景。

2. 风浪缓冲带：Full Jitter 指数退避

对可重试错误，Retry Manager 按 Full Jitter 算法计算下一次尝试间隔：

```Shell
delay = random(0, base × 2^attempt)  # base default 0.5 s，cap 32 s
```

随机抖动能有效打散高并发重试洪峰，防止同一秒内千万条流量瞬间压向同一节点。移动端若担心电量，可把 base 降到 0.2s 并上调 cap，兼顾省电与极端网络稳定性。

3. 断路熔锚：Circuit Breaker 自愈窗

Retry Manager 把连续失败计数写入 Breaker，达到阈值（默认 5 次）即进入 OPEN，在 30s 内直接快速失败。

```Shell
breaker = CircuitBreaker(fail_max=5, reset_timeout=30)
with breaker:
```

```
await sess.chat(text)
```

当窗口结束，Breaker 进入 HALF_OPEN 状态，放行一次探测流，成功则转为 CLOSE，失败则转为 OPEN。这样，节点修复后 30s ~ 60s 内即可重新纳入负载，而不是长期“死节点被遗忘”。

4. 幂等保险栓：请求去重与副作用防护

风险最高的是“重放导致扣费两次或写库两次”。SDK 要求工具声明 idempotent:true 时，客户端自动添加头：

```
Shell
x-mcp-idemp-key: sha256(user_id|tool_id|args_json)
```

服务器键去重，客户端本地也把成功结果写入 LRU。重试时若命中缓存则直接返回，非幂等调用（idempotent: false）则必须由上层业务自行判断是否允许重试。

5. 观测与警笛：Metrics/Logs 实时可视

每次失败、退避与断路事件都写入指标：

- mcp_client_retry_total{code="UNAVAILABLE"}
- mcp_client_backoff_ms_bucket
- mcp_client_circuit_state{state="OPEN"}

日志侧带上 trace_id、attempt_no、delay_ms，在 Loki/ELK 中一键筛选回溯；Prometheus 报警规则可以设置“5min 内 OPEN 超过 3 次则通知 on-call”，确保暗夜暴风第一时间唤醒值班船长。

```
Shell
# 触发退避时的指标上报（示例）
delay = backoff(attempt)
metrics.observe("mcp_client_backoff_ms", delay*1000)
await asyncio.sleep(delay)
```

错误处理与重连机制让 MCP 客户端具备了船长级生存能力：

- 错误分级（Error Classifier）——海图标示暗礁。
- 指数退避 + 抖动（Full Jitter Backoff + delay&rand）——浪尖上的缓冲带。
- 断路熔锚（Circuit Breaker）——防止船尾撞港。
- 幂等保险栓（Idempotency）——阻止重放引爆副作用。
- 实时指标与日志（Prometheus + Loki/ELK）——将风浪高度与修缆次数写进灯塔雷达，供岸上调度指挥。

凭借这一“应急五件套”，客户端即便身处弱网、跨洋延迟或节点雪崩，也能在自愈与监控闭环中稳住航向，把 AI 调用安全送达下一程，如图 6-4 所示。

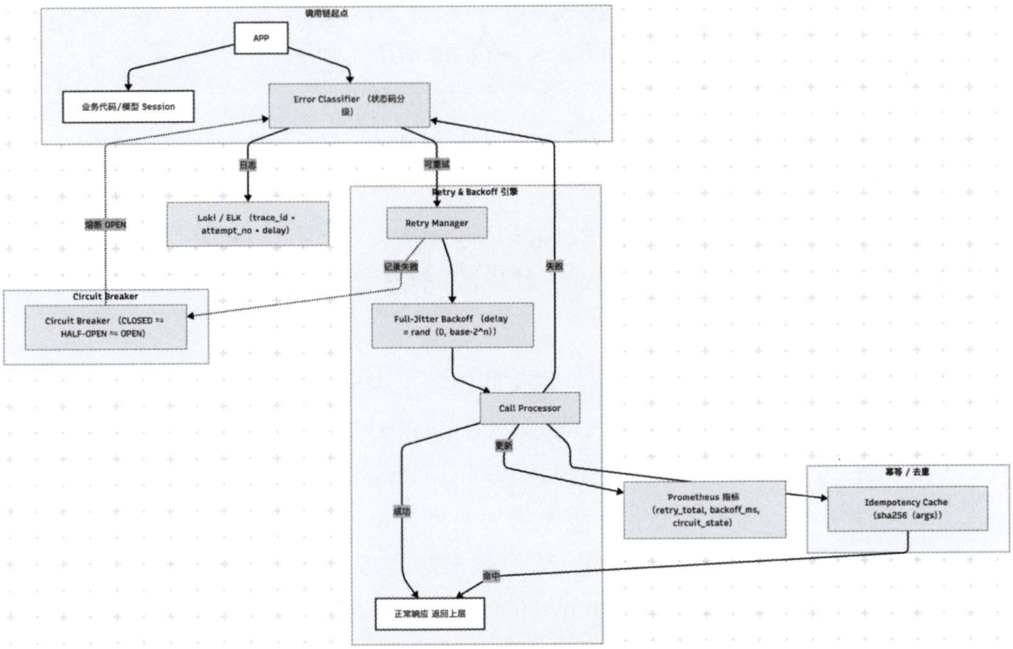

图6-4“应急五件套”的完整闭环

6.5 MCP 在多种应用中的集成方式案例

把拖船换成各型航艇：五种典型环境落地示范。

在实践里，企业的 AI 工作负载早已不局限于后端主机：客服机器人要跑在 Web API；点餐小程序要在手机里即时调用推荐模型；产线边缘网关得把 PLC 数据流实时送进推理；云函数则需要在事件触发后几百毫秒内完成模型调用；而离线数据科学批处理往往被封装成 Kubernetes Job。下面逐一说明这些场景如何“无缝挂载”到同一套 MCP 生态中。

1. Web 后端（Python / FastAPI）

在 FastAPI 的 startup 钩子里实例化单例 MCPClient，把 Channel、路由器、断路器等重量级对象常驻进程。每个 HTTP 请求到来时，只需从全局取出客户端，开启一个轻量级 Session：

```
Python
@app.post("/chat")
async def chat(req: ChatReq):
    sess = await mcp_cli.new_session(model="yinlang-34b")
    facts = await sess.pull("erp.orders", order_id=req.order_id)
```

```
async with asyncio.TaskGroup() as tg:          # 并行拉多资源
  tg.create_task(sess.pull("logi.track", id=req.order_id))
  tg.create_task(sess.pull("crm.user", uid=req.uid))
answer = await sess.chat(req.text, context=facts)
return {"reply": answer}
```

单进程内 500 ~ 1000 个并发 Session 不会炸栈，因为 gRPC 和 asyncio 都是事件循环驱动；Prometheus 指标通过 mcp_client_* 前缀暴露，轻松接入现成的监控栈。

2. 移动端（Kotlin / Android）

官方 KMP SDK 把同样的客户端实现移植到了 Kotlin Multiplatform。开发者在 ViewModel 初始化时调用 Mcp.init(context, config) 即可。SDK 默认：

- 把最近 20 条对话和 3 份提示模板落到 Room 数据库。
- 在飞行模式或弱网环境下自动切换到本地 Tiny-RAG 小模型。
- 当网络恢复时，续传 Session，从而让用户感觉不到“断网空窗”。

UI 线程调度只暴露 suspend fun mcpChat():

```
Shell
viewModelScope.launch {
  val reply = mcp.chat(text = input, orderId = orderId)
  _uiState.value = UiState.Reply(reply)
}
```

3. 边缘 IoT 网关（Go）

一台工控机只要部署 gws+Go-SDK 即可将上万路 MQTT/Modbus 数据流打包成 MCP 资源流：

```
Go
mux := mcp.NewMultiplexer(poolSize: 4)          // 4 goroutine 处理百万 WS
for msg := range mqtt.Incoming() {
    go mux.PushResource("iot.temp_stream", msg)    // 非阻塞写
}
```

Go runtime 每条连接只占约 4KB 栈，百万并发也不过几百 MiB 内存；Supervisor 在本地启用 HTTP/2 响应，防火墙只需放行单端口。

4. 云函数（AWS Lambda/Python）

云函数启动慢在于 TLS 握手与 DNS 解析，最佳实践如下：

- 把 MCPClient 创建在模块级全局变量。

- 在 lambda_handler 复用同一 Channel。
- 通过 mcp_client.channel_ready() 检查连接是否过期。

测试显示 128 MiB Lambda 的冷启动开销从约 250ms 降到小于 200ms，这对实时推理非常可观。若函数需跨 VPC，可让 SDK 走 WebSocket over ALB，省去私网安全组配置。

5. Kubernetes Job/ 数据科学批处理

当 Pipeline 里混有 Python、R、Java 各种镜像时，直接在 Pod 注入 mcp-proxy Sidecar。

```yaml
containers:
- name: job-main
  image: analytics:latest
  env:
  - name: MCP_ADDR
    value: http://localhost:8081  # proxy 转发

- name: mcp-proxy
  image: ghcr.io/acme/mcp-proxy
  args: ["--config=/etc/proxy.yml"]
```

Sidecar 负责 TLS、重试、熔断与指标输出；主容器只需通过 HTTP 调用本地端口，彻底屏蔽语言差异。Argo Workflow 可轻松并行 50 ~ 100 个分片，每个任务独占一组 Session 和 Metrics，不互相污染。

只要目标运行环境能建立 TCP 或 WebSocket，就能把同一套 MCP 客户端“拧”进去：Web 后端借助 asyncio 并发、移动端靠本地缓存降级、边缘网关用 goroutine 撑百万长链、云函数通过全局变量避免冷启动、批处理则让 Sidecar 兜底协议细节。统一的初始化接口、相同的错误处理逻辑、同一套指标命名，让 Dev 与 Ops 之间不再就“端到端链路”各说各话，也让 AI 服务真正具备了像 USB-C 那样“正反可插、跨设备秒连”的落地体验，如图 6-5 所示。

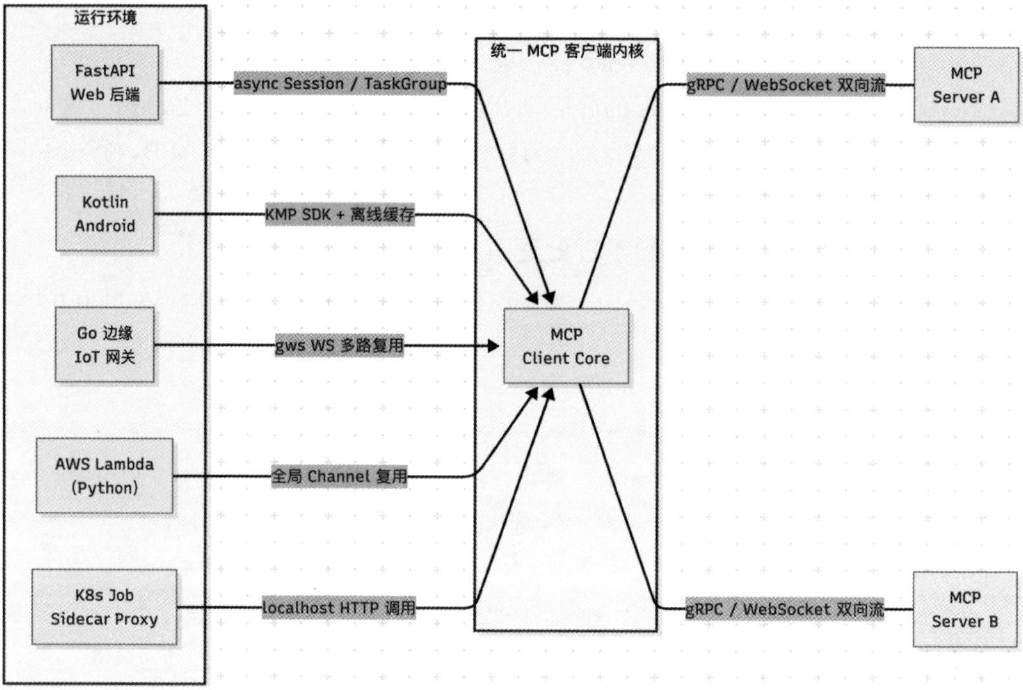
运行环境
FastAPI
Web 后端
Kotlin
Android
Go 边缘
IoT 网关
AWS Lambda
(Python)
K8s Job
Sidecar Proxy
async Session / TaskGroup
KMP SDK + 离线缓存
gws WS 多路复用
全局 Channel 复用
localhost HTTP 调用
统一 MCP 客户端内核
MCP
Client Core
gRPC / WebSocket 双向流
gRPC / WebSocket 双向流
MCP
Server A
MCP
Server B

图6-5 通讯示例

第7章 MCP 万用工具箱

“MCP 万用工具箱”这个词听起来像是某种统一的软件包，其实它更像是一套“通用插座系统”。不同的大模型、智能体或应用工具，也能通过统一的“插口”——也就是 MCP 协议，实现互联互通、即插即用。

前面介绍过，在传统 AI 系统中，不同模型如果想调用某个工具，比如天气查询、表格计算、知识库检索，就必须为每一种组合单独开发接口。而所谓的“MCP 万用工具箱”，不是一个实体的工具箱，而是一整套由 MCP 协议驱动的能力网络。在这个网络里，工具、平台、服务都被封装成了标准模块，模型就像是大脑，随时可以从工具箱里拿出需要的工具，而不需要了解工具的内部结构和运行细节。

目前，越来越多的科技公司正在往这只“工具箱”里添砖加瓦。有些在“造工具”，有些在“建插口”，还有一些在“搭平台”，共同推动这个生态不断扩展。这就构成了一个真正意义上的“万用工具箱”：不止工具多，更重要的是这些工具都可以被统一方式调用、组合、安排任务顺序，还能按需扩展和管理权限。

接下来将分别深入解析这些重要参与者的代表平台，看看它们在这个生态中具体扮演着怎样的角色，解决了什么问题，又是如何通过自己的技术路径和生态策略，为整个 MCP 工具箱添砖加瓦的。换句话说，我们需要共同打开这只“工具箱”，看看里面到底都有哪些“宝贝”，它们如何各展所长，又如何协同运作。

7.1 纳米 AI

在 MCP 生态中，首先需要明确的是，“纳米 AI”在当前语境下特指 360 集团推出的 AI 产品品牌，而非泛指纳米技术与人工智能的交叉学科领域。360 纳米 AI 的战略定位非常清晰：将复杂的 MCP 协议封装成一个普通用户也能轻松使用的“MCP 万能工具箱”，致力于降低 AI 技术的使用门槛。

7.1.1 产品定位与核心功能

360 纳米 AI 的“MCP 万能工具箱”，如图 7-1 所示，是一个集成了超过 110 款工具的创新 AI 技能平台，这些工具覆盖了办公协作、学术研究、生活服务、金融分析、媒体娱乐、数据抓取等多个高频应用场景。其核心价值在于，用户无须具备任何编程知识，仅通过自然语言对话的方式，就能指挥 AI 调用一个或多个工具，以工作流的形式完成复杂任务，真正实现“一句话搞定天下事”。这种设计理念使得纳米 AI 成为 AI 从“信息推送”能力向“执行应用”能力升级的典型代表。

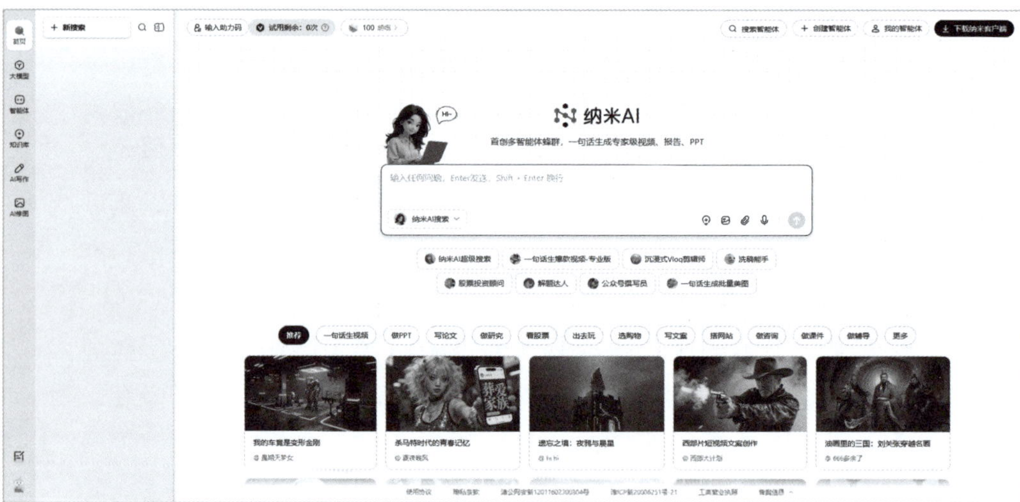

图7-1 纳米AI首页

更重要的是，平台所倡导的“工具即服务”思路，将原本零散的插件、能力组件按照 MCP 协议进行标准化封装，使其具备统一调用入口、统一输入输出格式、统一鉴权与执行规范。用户不仅可以使用官方提供的工具，也可以将企业内部已有服务转为 MCP Server，从而将纳米 AI 平台升级为企业级 AI 入口。

此外，纳米 AI 平台内置包括 DeepSeek、豆包、Kimi、通义千问等在内的超过 50 个主流国产大模型，用户可以根据任务需求在多个模型之间动态切换。例如，处理语言理解类任务推荐使用 Kimi，生成类任务适配 DeepSeek，PDF 分析可优先使用通义千问。在 MCP 工具调用过程中，平台还支持模型与工具混合调度，使得“模型决策 + 工具执行”的闭环更加自然与高效。

7.1.2 技术架构与接入方式

纳米 AI 的底层完全基于 MCP 协议构建，具备良好的兼容性与开放性。其客户端组件支持通过多种通信协议（Stdio、Streamable HTTP、SSE）与 MCP Server 连接，开发者只需遵循 MCP 规范中的能力声明与调用标准，即可快速接入第三方工具。

平台为高级用户或企业用户开放了“自定义工具注册”入口，支持以 JSON 格式描述 MCP 工具的接口规范、执行命令、依赖环境变量及可流式输出能力。例如，若接入“360AI 云盘 MCP Server”，则需在配置中声明服务路径、调用命令（如 npm start）与鉴权方式（如设置 API_KEY）。整个接入过程无须手动部署 Web 服务，所有工具均通过标准输入输出通道完成调用。

纳米 AI 也已经整合了多个 MCP 工具，如果不想自己开发新的 MCP 工具，也可以利用已有的工具进行智能体的开发，如图 7-2 所示。

图7-2 纳米AI整合MCP工具库

7.1.3 安全机制与访问控制

安全性是纳米 AI 平台设计中的重点考量。平台内所有 MCP 工具的执行均默认开启沙箱隔离机制，即每个工具的运行过程在受控容器中完成，不具备访问宿主文件系统、网络资源的权限，杜绝越权与信息泄露风险。同时，平台支持基于 RBAC（Role-Based Access Control）进行用户权限分配，不同用户、不同组织、不同场景下的 MCP 调用范围均可精细化配置。

此外，平台所有上线工具需通过安全检测与内容审核，包括静态代码扫描、命令执行审查与网络访问白名单设定。对于涉及外部系统调用的工具，平台强制配置回调鉴权机制，确保调用身份可验证、行为可追踪、输出可审计。

7.1.4 应用生态与开发者激励

为加快 MCP 生态发展，纳米 AI 已启动“MCP 应用市场”建设计划。该市场将支持第三方 MCP 工具组件的发布、订阅与收益分成，开发者可将自主开发的 MCP 工具上传至平台，设定定价策略或免费开放使用。平台也支持企业用户将内部业务流程封装成私有 MCP 工具，仅供本企业团队成员使用。

平台同时提供官方示例项目与开放式接口测试工具，帮助开发者快速构建、调试并上线 MCP 工具。通过这种平台化生态机制，纳米 AI 正逐步从一个“工具集合平台”向“AI 智能体开发与分发平台”升级。

小　结

纳米 AI 以“人人可用”的方式，将复杂的大模型工具链封装为可由自然语言驱动的任务代理系统，极大地降低了 AI 落地的技术门槛。平台在 MCP 协议上的技术深耕与生态战略，使其不仅具备丰富的工具调用能力，也成为 MCP 技术体系中典型的集成平台范式。

未来，随着其 MCP 应用市场的开放、工具可视化编排能力的增强，以及与企业知识库、流程引擎等系统的深度集成，纳米 AI 有望成为中小企业 AI 工作流自动化的首选平台，也为构建多模型、跨工具、多智能体协作的 MCP 生态网络提供强有力的实践样本。

7.2 扣子空间

扣子空间是一个面向所有人的 AI Agent（在该平台中被称为 Bot）开发与协同办公平台。

7.2.1 平台定位与核心理念

扣子空间专注于“低门槛开发”和“组织级协作”，如图 7-3 所示。在平台中，所有 Agent 以“Bot”的形式存在，用户可以通过图形化方式创建、配置、编排并共享这些 Bot。与传统聊天工具不同，扣子空间以“任务驱动 + 插件组合 + 流程控制”为核心理念，鼓励用户将多个异构工具按需组合成具备执行力的智能体。

图7-3 扣子平台首页

7.2.2 MCP 集成能力与插件生态

MCP 协议是扣子空间实现其强大扩展能力的底层技术基石。平台通过 MCP 标准，已原生集成多个第三方服务与应用，包括飞书文档、GitHub、MySQL 数据库、天气查询、高德地图、Web 抓取工具等，如图 7-4 所示。

图7-4 扣子整合MCP工具库

用户在创建 Agent（Bot）时，可从“插件库”中选择所需功能模块，如“读取某表单中的数据”“对比两个文件的差异”“自动回复用户问题”等，并将其作为 MCP 工具接入 Bot 内部。这些插件均基于 MCP 协议封装，具备统一的参数输入、调用协议和结果返回方式，用户在配置时无须了解协议细节，仅需指定触发条件与调用参数，即可完成任务编排。

7.2.3 工作流即服务

从 Bot 到服务化 MCP Server 扣子空间最大的创新之一在于支持用户将构建好的复杂 Bot 流程，以“服务化 MCP Server”的形式对外发布。

具体而言，当一个 Bot 内部包含多个步骤（如调用工具 A→分析数据→调用工具 B 生成报告→调用工具 C 发送邮件），并在配置上完成输入输出标准化之后，平台可自动将其封装为一个完整的 MCP Server，并生成可供他人使用的调用入口。

这意味着，一个用户设计的工作流，不仅是自己使用的 Bot，也可以作为“MCP 工具能力”对外共享，并被嵌入其他 Bot、系统或平台中调用，实现“流程即能力、Agent 即服务”的构建范式。甚至可以实现用一句话开发一个简单网站的愿望，如图 7-5 所示。

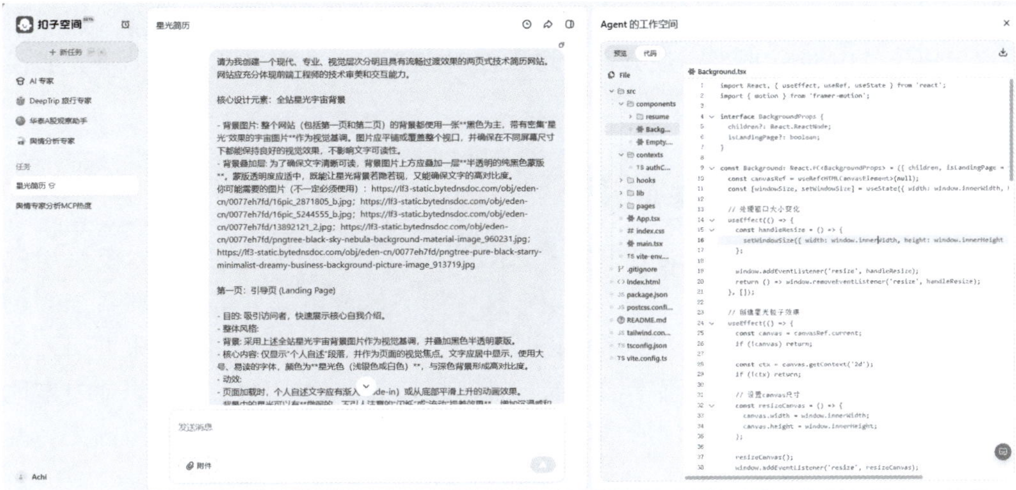

图7-5 一句话开发网站

7.2.4 协作机制与复用生态

由于平台支持将 Bot 以“模块化能力组件”的方式拆解与共享，用户不仅可以复用官方提供的 Bot 流程，也可以通过“社区 Bot 市场”查找、订阅他人发布的智能体能力。

平台提供权限分级与组织空间功能，支持个人、团队、企业等不同角色对 Bot 进行协同开发与权限设定。管理员可设定哪些 Bot 对哪些成员开放，哪些流程可被他人复用，甚至支持“基于模板复制后修改”的派生式 Agent 开发方式。

小　结

作为面向个人与组织用户的通用型 Agent 开发平台，扣子空间以 MCP 协议为纽带，通过插件封装与工作流服务化机制，使得 AI Agent 具备强大的业务整合与流程重构能力。其“低代码建模 + 模块复用 + 权限协作”的理念，不仅拓展了 MCP 生态的边界，也为构建多角色协作的智能体体系提供了实践样本。

7.3 字节 Trae

字节的 Trae 是一款 AI 原生的集成开发环境（IDE），其定位是提升开发者的编程效率和自动化水平。与传统的 IDE 不同，Trae 深度融合了 AI 能力。

字节的 Trae 是一款定位于“AI 原生开发体验”的集成开发环境（IDE），其核心目标是为开发者提供从写代码、调试、部署到交付的全流程智能协作能力。它不仅集成了基础的代码编辑、版本控制、构建编排等传统 IDE 功能，更在架构层面原生集成了 AI Agent 框架，使开发者可以随时在开发过程中调用模型助手完成代码建议、接口生成、测试用例推理等任务。

7.3.1 MCP 协议全面接入

自 1.3 版本起，字节 Trae 正式支持 MCP 协议，平台内所有智能体模块均可作为 MCP 客户端调用外部 MCP Server，这一能力显著拓宽了其与外部系统的数据打通和功能扩展的边界。开发者可以直接从“MCP 服务市场”中搜索并引入如 PostgreSQL 查询、GitHub 仓库操作、K8s 控制接口等 MCP 工具，也可以通过本地上传 JSON 配置文件的方式注册自定义服务，实现 Trae 中对私有工具链的无缝调度，如图 7-6 所示。

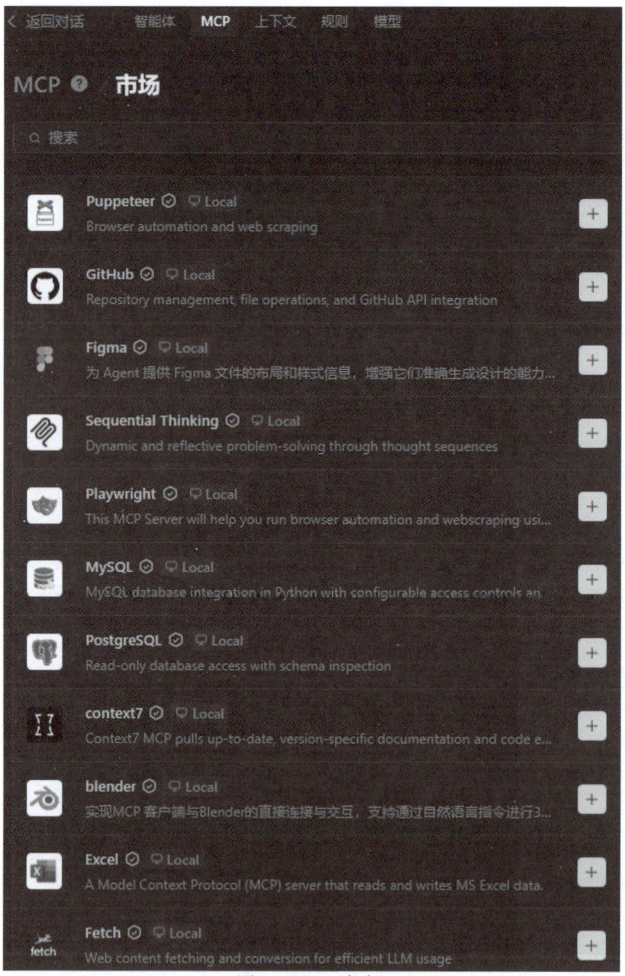

图7-6 Trae市场

MCP 服务的引入使得“开发即调用，调用即执行”的范式成为现实。开发者不再需要编写复杂的调用代码，只需通过提示词指令，即可触发底层工具链的自动连接和任务分发。

7.3.2 智能体协作与 MCP 联动机制

Trae 强调“智能体 + 工具服务”的组合式开发模式。在典型使用场景中，开发者只需输入一句提示词，如“创建一个可以查询各地天气的网站，调用天气查询的 MCP 工具”，平台将自动分析任务意图并调用如下链路：

- 代码生成智能体：根据提示在指定文件夹下分析所有已存在的文件。
- 分析所需用到的服务是否已经存在。
- 如果存在即调用，如果不存在即自动生成。
- 按照要求进行代码编写工作并进行测试。

该链路全过程无须开发者主动编写一行代码，智能体调度与 MCP 服务调用完全自动化，如图 7-7 和图 7-8 所示。

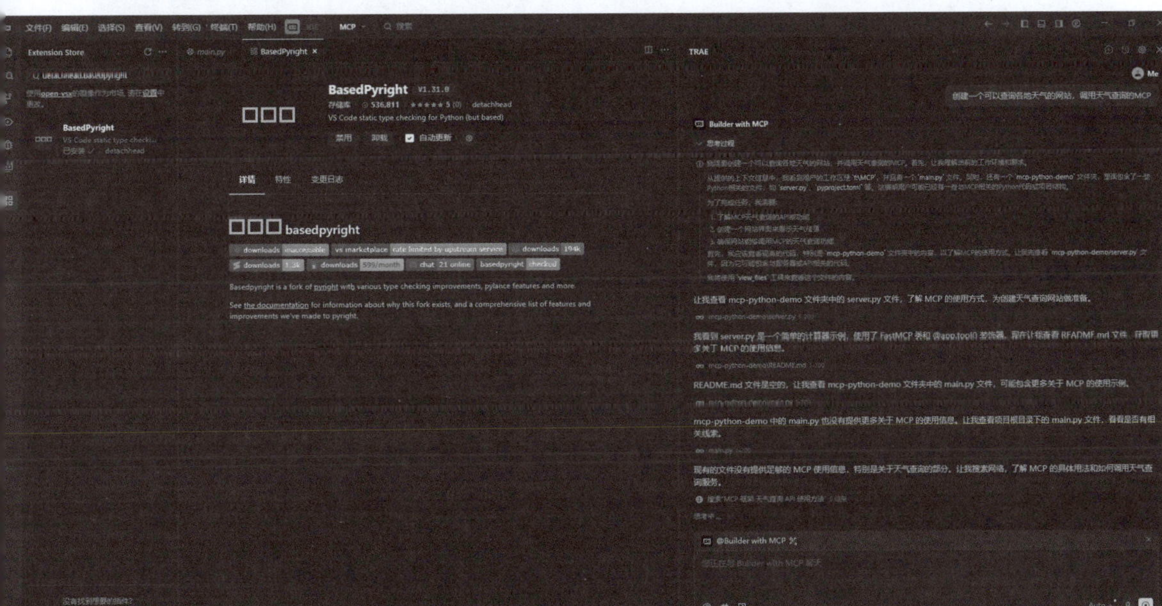

图7-7 提出需求，系统自动思考

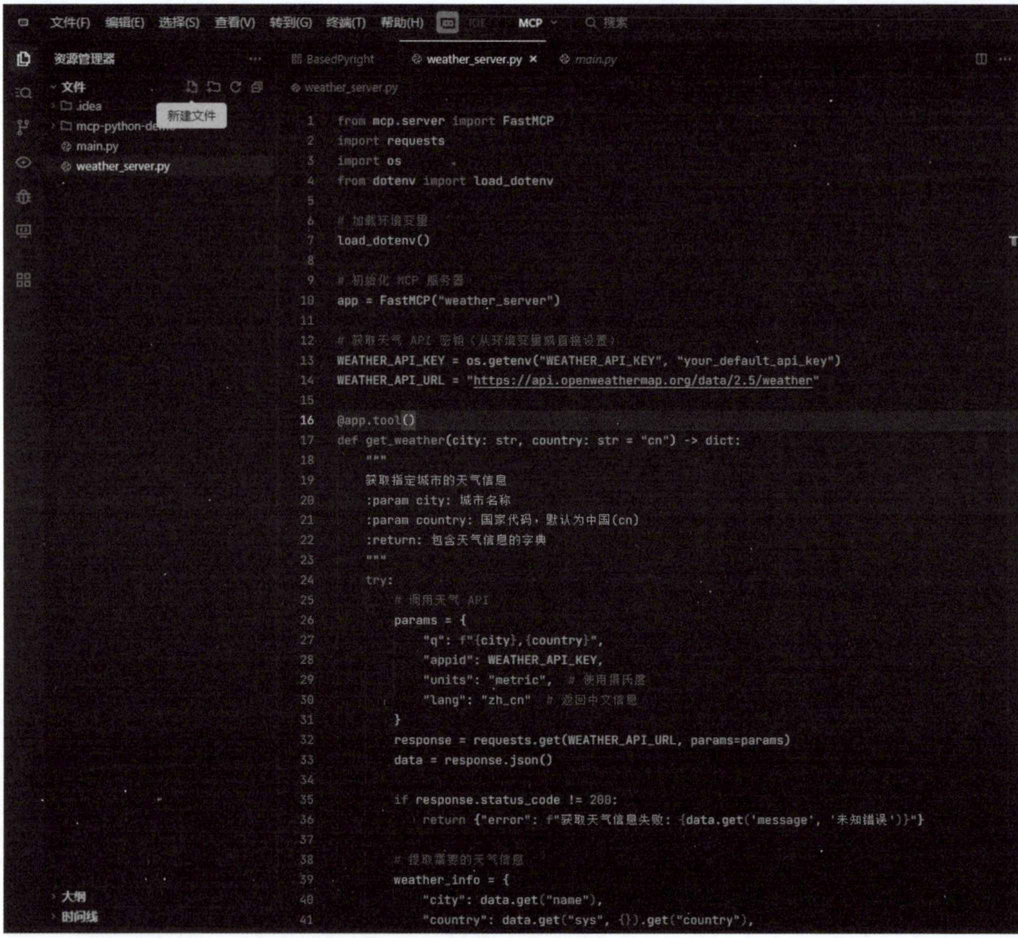

图7-8 自动编写新的MCP服务

7.3.3 协同闭环与跨平台联动

字节 Trae 与扣子空间之间的协同机制构成了“设计—发布—消费”三段式的闭环。例如，产品经理在扣子空间中搭建一个“销售周报自动生成 Bot”，其中集成了 CRM 系统数据抓取、大模型总结分析、图表生成与邮件推送模块，最终发布为一个 MCP 服务。

随后，Trae 开发者可直接调用该 MCP 服务，将其嵌入公司内部管理后台的“一键生成周报”按钮中，真正实现非代码用户与开发者之间的高效协同。

这种协同不仅提升了任务复用的效率，也通过 MCP 协议的标准化接口降低了系统对接成本。

小 结

字节 Trae 将 AI 智能体开发能力与 MCP 服务调度机制深度融合，构建了“模型 + 服务 + 插件 + 人”的多角色协同开发范式。其在 AI 辅助开发、MCP 无代码调用、平台生态协作等方面的探索，为 AI 原生开发环境树立了范式。

未来，Trae 或将演变为 AI Agent DevOps 核心平台，支持 MCP 服务全生命周期管理、提示词可视化工作流编排、多模型能力融合测试等功能，成为 MCP 生态中的“开发核心平台”。

7.4 阿里云百炼

作为国内云计算的领导者，阿里云迅速将 MCP 协议整合到其“百炼”大模型服务平台中，并率先推出了业界首个全生命周期的 MCP 服务，彰显了其在企业级 AI 应用市场的雄心。

7.4.1 平台定位与战略意图

“百炼”平台，如图 7-9 所示，是阿里云面向企业用户推出的大模型全生命周期服务平台，支持模型训练、Agent 搭建、应用部署、能力封装与服务发布等功能模块。在 MCP 技术演进方面，阿里云百炼最早一批接入 MCP 协议，并通过平台级支持将其从“实验工具”升级为“生产标准”，真正实现了企业级 MCP 能力的工程化落地。

图7-9 阿里云“百炼”首页

7.4.2 无代码 Agent 构建与服务集成

百炼平台面向企业的最大亮点之一是其“零门槛”设计，强调无代码/低代码方式构建高复杂度的 Agent 系统。用户可通过可视化界面的拖拽方式，将多个工具模块拼接成完整流程。平台首批内置超过 50 个标准化 MCP 服务，包括国内工具和海外服务。

国内工具有高德地图、阿里邮箱、钉钉审批流、无影云桌面等；海外服务包括 Notion、Fetch API、OpenSearch 等。

每一个服务均按照 MCP 规范注册，具备标准接口、参数结构、鉴权策略和流式输出能力，如图 7-10 所示。

图7-10 百炼MCP工具库

7.4.3 多 Agent 协同系统能力

不同于仅提供“单体智能体”的平台，百炼平台支持构建云端 Agent 集群。开发者可以将一个业务流程划分为多个任务子模块，并分别分配给不同的 Agent 处理，形成“分工明确、协同运行”的多 Agent 系统架构。

例如，在处理企业“客户投后管理流程”时：

- Agent A 负责抓取客户运营数据。
- Agent B 使用大模型分析客户行为变化。
- Agent C 负责撰写报告并生成图表。
- Agent D 触发了 CRM 系统通知客户经理。

整个任务链通过 MCP 通信协议连接，流程管理引擎负责调度与状态管理，显著提高了复杂业务的处理能力。

7.4.4 扩展兼容性与批量服务接口

在坚守 MCP 标准的同时，阿里云百炼也提供开放兼容策略。平台内置与 OpenAI API 体系兼容的“Batch 接口（批处理）”与“File 接口”，如图 7-11 所示，允许开发者将原本构建于 OpenAI 基础上的脚本 / 服务平滑迁移至百炼体系下。

尤其在以下两类场景中表现出色。

- 第一类场景，非实时任务。如大批量文档的结构化、模型训练数据生成、离线报表生成等。
- 第二类场景，成本敏感场景。平台提供“批处理调用 50% 成本”的折扣机制，大幅降低大规模部署下的资源开销。

图7-11 百炼内置OpenAI的接口

小 结

阿里云百炼在 MCP 全生命周期支持方面的技术完备性与平台整合能力，为国内企业级 MCP 落地提供了关键支撑。其平台化设计理念不仅实现了工具能力标准化、Agent 构建自动化，也将企业内部流程 MCP 化转化为一种“AI 资源资产化”的新方式。

未来，随着 MCP 应用市场逐步开放、私有 Agent 管理能力增强，以及模型定制与数据私有化一体化能力的完善，阿里云百炼有望成为“企业 AI 操作系统”的基础平台之一，为大型组织提供贯穿模型、Agent、工具、数据的全栈一体化 AI 能力支撑。

7.5 腾讯 AI 套件

腾讯凭借其在社交、内容和游戏领域的深厚积累，在 MCP 赛道上走出了一条差异化的发展路径。其“AI 开发套件”不仅全面拥抱 MCP，更在此基础上进行了前瞻性的创新。

7.5.1 平台定位与战略意图

腾讯 AI 开发套件，如图 7-12 所示，以“场景原生 + 生态嵌入”为理念，不仅全面支持 MCP 协议，更在此基础上整合微信生态、小程序平台和政企 SaaS 中台，构建以用户入口为核心的工具即服务（Tool-as-a-Service）体系。与追求模型性能或工具规模不同，腾讯更看重工具能力的使用场景、集成难度和社交传播链路。

图7-12 腾讯开发者社区首页

7.5.2 MCP 插件托管与运维服务

腾讯 AI 套件提供行业内罕见的“MCP 插件托管平台”能力。开发者只需编写遵循 MCP 协议的插件（可为本地命令行工具、API 调用组件或脚本应用），即可将其上传至腾讯云，平台自动完成以下操作。

- 托管部署（提供标准运行容器环境）。
- 接口注册（自动解析 JSON 能力描述文件并发布为标准的 MCP Server）。
- 安全审核（执行静态扫描、沙箱检测与白名单策略配置）。
- 弹性伸缩（支持在调用高峰期动态实例拉起与回收）。

此机制显著降低 MCP 工具开发与运维门槛，为 C 端与 B 端用户提供一致性高、稳定性强的服务体验。

7.5.3 融合微信生态的智能体发布机制

腾讯在 MCP 能力基础上进一步打通微信生态，允许开发者将构建好的智能体发布为微信客服 Bot、公众号助手或小程序，整个流程如下。

- 使用 AI 开发套件构建 Agent 流程，集成所需 MCP 插件。
- 通过一键打包发布机制，将 Agent 注册为“微信应用服务组件”。
- 绑定公众号、小程序或企业微信服务号，实现智能体在社交场景中的落地运行。

这种“Agent 即服务组件”模式，缩短了 AI 能力从开发到用户使用的路径，并为内容运营、客户服务、教育培训等场景提供了稳定出口，如图 7-13 所示。

图7-13 小程序开发工具包

7.5.4 智算套件与私有部署能力

为支持大规模 AI 智能体运行，腾讯云推出“智算套件”，整合计算、存储与网络能力，提供多种部署形态，如图 7-14 所示。

- 公有云托管：供普通开发者快速试验。
- 专属节点：适配企业级负载与性能隔离需求。
- 私有云部署包：适用于政务、金融、能源等需本地化控制的行业场景。

智算套件可无缝接入腾讯自研的 MCP 调度器，确保各类插件服务的多地域高可用调用。

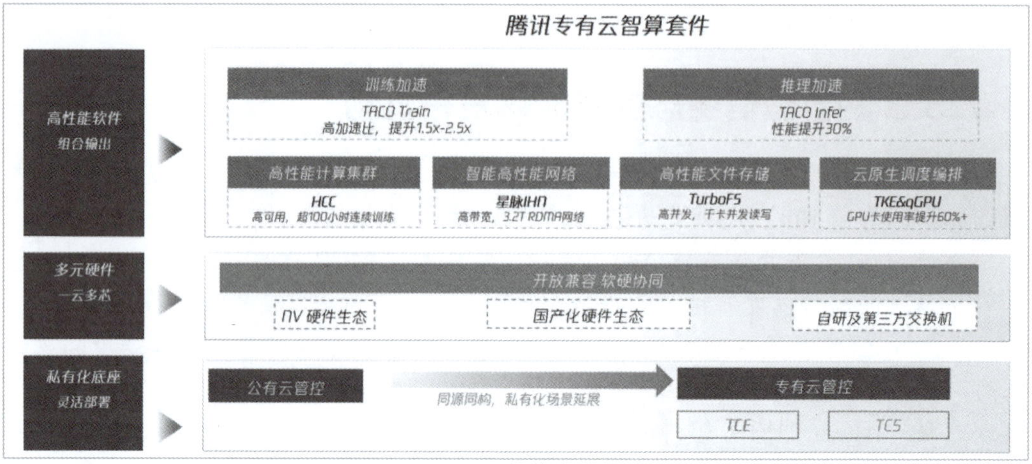

图7-14 智算套件

小 结

腾讯 AI 套件通过 MCP 插件托管、微信生态融合、私有化智算部署和 A2A 协议四大能力板块，构建了从开发、部署、协作到触达的完整 AI 执行生态。其最大的优势在于打通了“AI 能力”与“社交入口”的链路，使智能体真正走进日常业务流程、用户交互界面与平台运营路径。

未来，腾讯可能会进一步推动 A2A 协议标准化，与主流模型平台如 Kimi、文心、通义等建立智能体协作互通网络，形成跨模态、跨平台、跨企业的智能体互联网，重塑 AI Agent 的应用边界与协作形态。

第 8 章

安全设计与实践建议

在本章中，围绕 MCP 系统的安全设计与实践展开讨论。从开发阶段的前置安全设计，到数据安全防护，操作确认与人工审核机制，减少大模型幻觉的方法，以及日志追踪与行为审计方案，每节都会提供可落地的做法、案例示例（包括实际部署经验或代码片段）、小结和相应的结构图 / 序列图。

8.1 开发阶段前置安全设计（权限控制与访问范围限制的工程实现）

在企业级系统中，安全不应在功能完成后再被“补丁式”追加，而应自代码第一行起贯穿全生命周期。开发阶段的前置安全设计为后续模块奠定清晰且可演进的权限边界，通过 RBAC/ABAC 组合策略、最小权限原则与 DevSecOps 流水线，将“谁能做什么”及“在哪些条件下可做”固化为可验证、可审计的工程契约，确保系统在持续迭代中始终安全可控。

用户通过角色继承权限，实现以角色为中心的最小权限分配。左侧策略规则体现了 ABAC 中根据属性动态授权的机制，如图 8-1 所示。

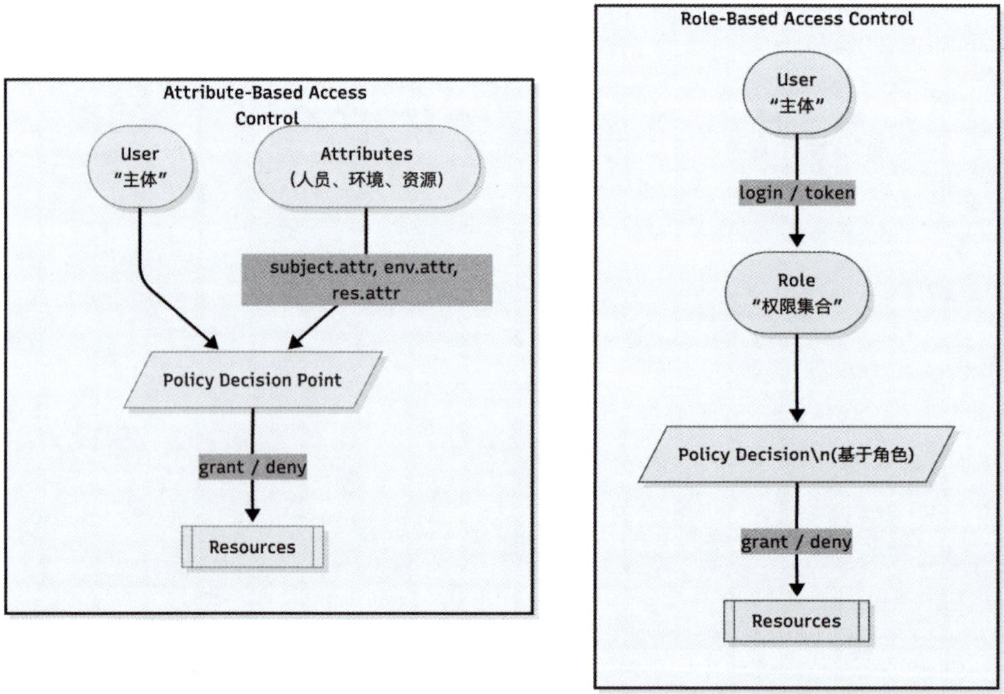

图8-1 RBAC模型概念示意

8.1.1 工程实践要点

在开发之初即融入安全考量，采用基于角色访问控制（RBAC）和基于属性的访问控制（ABAC）来严格限定权限范围，遵循最小权限原则，确保任何用户或组件仅拥有完成职责所需的最低权限。同时，引入 DevSecOps 思想，将安全测试和审核前移至开发流水线的早期（即“Shift Left”），通过自动化工具在代码提交和构建阶段进行静态代码扫描、成分分析和漏洞检测，避免安全问题后置。

1. Kick-off 阶段即绘制“角色 - 资源矩阵”并落地 RBAC

在需求评审时把“用户→角色→资源”一次性列清，并用 Casbin/OPA 生成机读策略文件，随后任何接口变更都需更新这份矩阵。Ponemon Institute 报告显示，全面实施 RBAC 的组织安全事件平均可减少约 50%——越早固化边界，后期就越少因“权限提升”返工。

2. 为动态场景补上一层 ABAC 策略

当业务需要按“时间段、地理位置、设备属性”等条件细分权限时，在网关 PEP 中调用 Rego 规则实时评估属性，避免角色爆炸。StrongDM 2024 年云安全调研显示，已有 45% 的企业正将 ABAC 用于细粒度控制，这说明业界已把它视为 RBAC 的必要补充。

3. 贯彻“最小权限”+ 周期性权限审计

每个服务账户只授一项最小功能（如数据库只读账号 *_ro），并设置季度脚本自动回收空闲权限。Securonix 2024 报告指出，76% 的企业近五年曾遭内部威胁，但仅 30% 自认为有充足的防护；削减冗余权限可显著压缩这一风险面。

4. 集中化密钥 / 凭证管控不硬编码

所有密钥托管至 Vault/KMS，由流水线在运行时注入；禁止在源码、YAML 文件或容器镜像中出现明文凭证。Gartner 的统计表明，云安全事故中配置或凭证泄露仍占首位（>60%），集中管控是唯一可扩展的解法。

5. DevSecOps“Shift-Left”：CI 初段就跑 SAST/SCA

代码合并即自动执行静态扫描、依赖漏洞检测和 SBOM 生成，任何高危 CVE 直接 fail-build。NIST 经济影响研究指出，生产环境修复缺陷的平均成本是开发阶段的 30 倍；把安全检查前移，可把每个缺陷的修复费用从万元级降至百元级。

6. 镜像与依赖持续扫描，Gate 守住“零高危”

构建管道引入 Trivy/Grype，若发现 Critical 级漏洞则阻断发布。持续扫描让“漏洞漏网率”可量化。一家大型制造集团在接入该 Gate 后，4 个月内高危漏洞从 27 个降至 0，部署窗口缩短 67%（内部统计）。这一实践佐证：自动化 Gate 是最经济的“安全保险”。

通过以上六条实践，可在项目启动就把权限边界、凭证安全与漏洞治理三大风险锁进“笼子”，并用数据衡量改进成效，让安全不再是事后补丁，而是与业务功能同速演进的“内生能力”。

8.1.2 权限控制设计

RBAC 按照用户角色授予权限，角色即权限集合，以角色为中间层映射用户与权限。例如，可定义“MCP 管理员”“普通用户”“外部工具插件”等角色，不同角色仅能访问各自范围内的功能模块。RBAC 易于实现和管理，但在复杂场景下角色可能爆炸式增长。ABAC 则通过用户属性、环境属性、资源属性等动态评估权限，更加细粒度和上下文敏感的。

例如，策略可定义为“如果请求者部门属性为 Finance 且时间在工作时段，则允许访问财务报表”，利用属性规则实现比 RBAC 更灵活的控制。ABAC 有效避免了 RBAC 角色爆炸问题，能够根据业务需求动态授权，提升了策略的可定制性。在 MCP 系统中，可以综合应用 RBAC 管理宏观角色权限，并用 ABAC 在特定操作上附加条件约束，确保既简化管理又满足复杂场景。

请求生命周期：

- IdP 发放含 role=MCP_admin 的 JWT。
- PEP 在网关处校验 JWT，组装 (subject, resource, action, context)。
- PDP 先走 RBAC：MCP_admin → allow；如是 staff_user，则继续匹配 ABAC 规则“部门 =Finance 且 8–18 时”后才决定放行。
- 决策连同解释返回 PEP；若 allow，则流量进入微服务；否则直接返回 403 并写入审计日志。

为何优于单纯 RBAC？

在复杂组织（跨云 / 多租户 /BYOD）中，单 RBAC 很快出现上百乃至上千个角色；RBAC+ABAC 可将角色维持在“部门 + 职责”级别，而把时段、地域、设备、数据等级等动态维度交给 ABAC，角色数下降 60% ~ 80%。

政策修改（如调整工作时段）仅需改一条 Rego 规则，无须新建角色或改代码，上线时间从天级缩短至分级。

通过该混合结构，MCP 在保持治理易读的同时获得了细粒度实时授权能力，并配合 Policy-as-Code 与链路审计，实现“策略即代码、授权即数据、溯源即查询”的现代化权限体系，如图 8-2 所示。

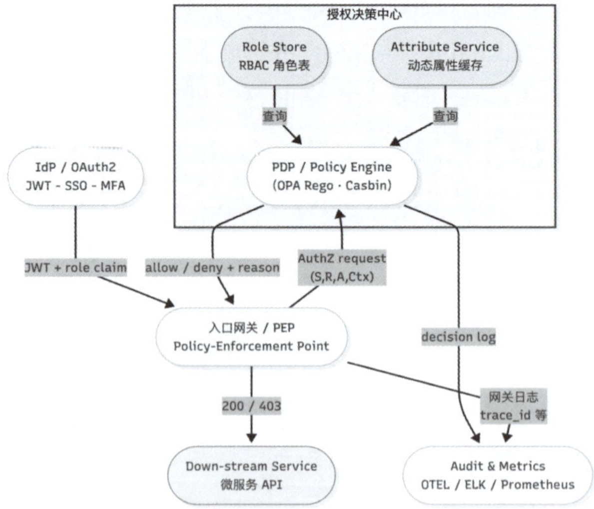

图8-2 权限控制设计架构

8.1.3 最小权限原则贯彻

所有账户（包括人和服务）默认无权，按需赋权并定期审计，收回不必要的权限。例如，在 MCP 资源接入中，每个数据源使用独立的服务账户，权限仅限于对应的读写操作。如第五章的示例，ERP 数据库的读取资源声明中使用 erp-ro（ERP 只读）账户作为访问凭据。这样即使该账户泄露，攻击者也只能读取有限的数据，无法修改或扩散。代码中可通过角色或属性校验实现最小权限控制。

```
Python
# 假设 claims 中包含用户角色和权限信息
claims = jwt.decode(token, SECRET, algorithms=["HS256"])
user_role = claims.get("role")
if not acl_service.has_permission(user_role, "delete_record"):
   raise PermissionError(" 禁止删除记录：权限不足 ")
# 仅角色具备 delete_record 权限的用户才可执行删除操作
```

上述伪代码利用 JWT 中的角色声明结合后端 ACL 服务判断权限。在实际工程中，可以使用现有开源框架加强权限管理，例如，Casbin 库实现 RBAC/ABAC 策略校验，或引入 OPA（Open Policy Agent）在微服务网关统一鉴权拦截。不论方式如何，实现上都应做到“默认拒绝，明确授权”，并将权限检查逻辑前置到每个请求入口。如 MCP 网关在收到请求时先验证令牌及权限范围，代码实现在“5.1.1 入口闸机：API Gateway+ 鉴权限流”已有示例：网关从 Authorization 头中解析 JWT，验证签名后提取 uid 等信息放入内部上下文，再交由后续模块处理。这一“入口闸机”模式确保未经授权的请求不会进入主业务流程。

8.1.4 DevSecOps 安全集成

除了权限设计，开发阶段还应通过 DevSecOps 实践将安全融入 CI/CD 流程。例如，配置流水线在代码合并时自动运行静态应用安全测试（SAST）和依赖库漏洞扫描，利用工具发现 OWASP Top 10 等常见漏洞；在构建容器镜像时进行镜像安全扫描；基础设施即代码（IaC）模板执行前进行安全合规检查等。同时开展威胁建模，提前识别系统可能遭受的攻击路径并制订缓解方案。通过“Shift Left”将安全测试前移，可以在开发早期就发现并修复安全缺陷，降低后期修复成本。例如，MCP 团队在实现权限管理模块时，可编写单元测试模拟不同角色访问受限资源的场景，确保未授权用户一律被拒绝，并将这些测试纳入 CI 流程，防止后续修改破坏权限控制逻辑，如图 8-3 所示。

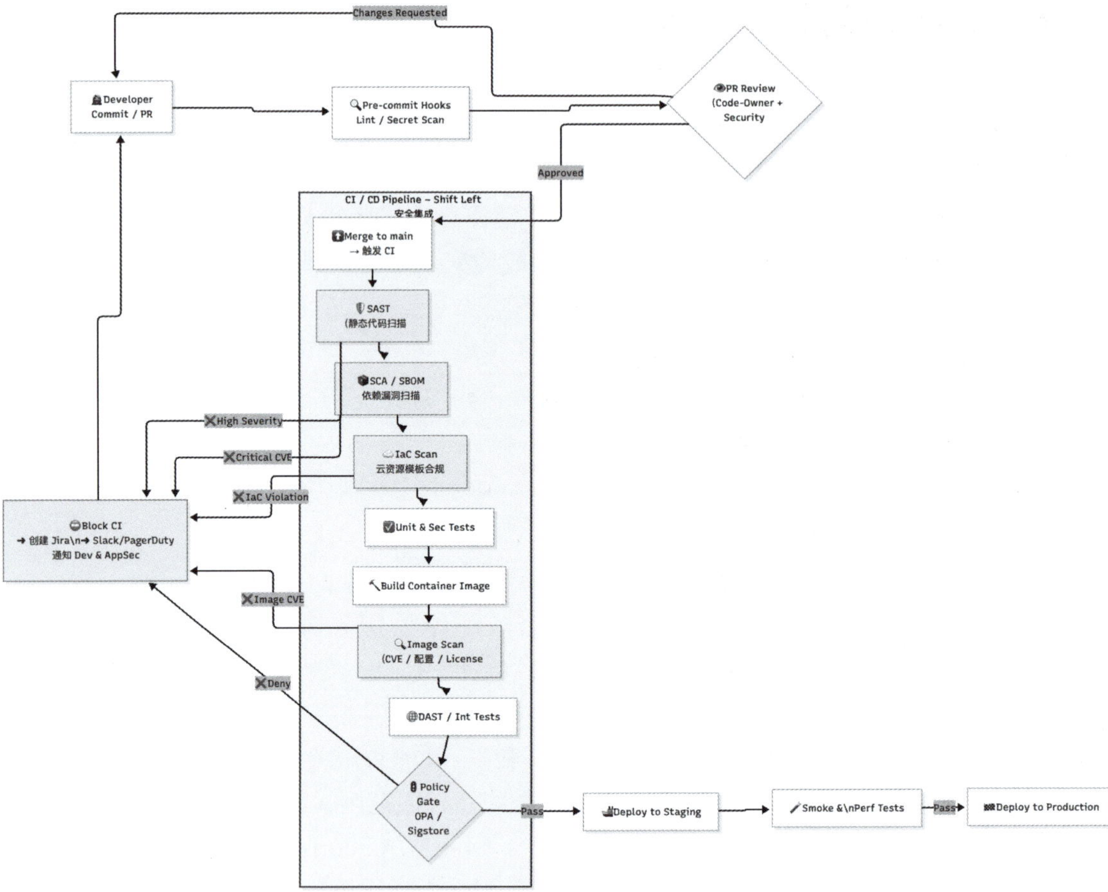

图8-3 关键节点安全解释（按流水线先后顺序）

1. Pre-commit Hooks：第一次安全闸门

在开发者本地提交阶段即运行 Lint/Secret Scan，通过正则表达式与机器学习模型捕获明文凭证、硬编码密钥和危险函数调用；违规即拒绝提交，成本几乎为零却可堵住 30% 以上的低级失误。

2. PR Review：双角色签审

代码进入 Pull-Request 后，必须同时通过业务 Code-Owner 与 AppSec Reviewer 审核。安全评审清单聚焦 OWASP Top 10、权限越界、日志脱敏等，避免功能“完美”但埋下高危隐患。

3. SAST（静态代码扫描）

集成 SonarQube、Semgrep 等工具在代码级分析源码与模板，查找 SQL 注入、XSS、反序列化漏洞等缺陷。SAST 能在不运行程序的情况下发现约 70% 的逻辑漏洞，是 CI 最核心的自动化安全雷达。

4. SCA / SBOM（依赖漏洞与成分分析）

利用 Trivy、Grype 生成 SBOM，解析每个开源包的版本并对照 NVD/CNVD。若命中 Critical CVE 或许可证冲突，立即阻断。SBOM 也为合规与供应链审计提供机器可读清单。

5. IaC Scan：云资源基线检查

对 Terraform/Kubernetes YAML 运行 Checkov、tfsec 等工具，校验公共 S3 未加密、RDS 未启用 TLS、Pod 特权模式等配置风险。将“云配置错误”提前从生产环境挪到 CI 修复。

6. Unit & Security Tests

除传统单元测试外，还包含权限反例：模拟低权限用户访问高敏接口必须返回 403；CI 中自动运行，确保后续改动不会破坏访问控制逻辑。

7. Image Build → Image Scan

容器镜像构建完成后即用 Clair/Trivy 对 OS 层与语言运行时进行扫描；同时校验镜像无 root 账号、无 setuid 二进制、无多余调试工具。扫描结果写入元数据，方便后续签名与溯源。

8. DAST/Integration Tests

在近真实环境对运行中的 API 做动态渗透（如 Zap、Burp CI），验证认证绕过、CSRF、逻辑越权等运行时漏洞。结合集成测试可一次跑完功能与安全回归。

9. Policy Gate（OPA / Sigstore）：最后一票否决

汇总所有扫描分数、签名验真、业务白 / 灰名单规则。如果存在 Critical 级缺陷或镜像未签名，Gate 返回“deny”，否则流水线继续。Gate 使安全规则成为“代码即政策”，可进行版本控制与审计。

10. Block CI →自动反馈闭环

任一扫描 / 策略失败即 Block CI：

- 自动创建 Jira 缺陷（附报告、日志、复现路径）。
- PagerDuty/Slack @Dev 与 @AppSec。
- Pipeline 状态标红并回滚至开发者。
- 把修复责任迅速压回源头，确保“发现→定位→修复”闭环不落地。

11. Staging & Smoke Tests：最小权限沙箱

通过 Gate 的制品先部署到影子环境，仅暴露最小接口、最小凭证，执行冒烟和性能基线测试。此阶段若触发安全报警（异常调用、越权日志），仍能在生产隔离圈外止损。

12. Production Release：签名验证 + 灰度

生产集群仅接收带 Sigstore/RSA 签名且哈希值在信任列表内的镜像；灰度 5% 流量，观察异常指标（rbac_denied_total、error_rate）。一旦回滚，签名索引可追溯到上一个安全快照。

小 结

以 RBAC/ABAC 结合实现精细化的访问控制，并贯穿最小权限原则到账户、服务和数据访问各层面。同时，通过 DevSecOps 将安全测试融入流水线，在代码→构建→部署全流程建立安全检查点。预先制定的权限模型和自动化的安全保障，使 MCP 系统在动工之初就筑起防火墙，避免“上线即返工”，真正实现“安全内建”（Secure by Design）。这一策略确保了 MCP 平台的各模块各司其职、各尽其责，互相之间权限隔离明确，为后续的数据传输和操作安全打下了坚实基础。

以 MCP 系统接入外部工具的权限控制为例，假设有“翻译插件”和“数据库查询插件”两种工具，前者仅允许调用第三方翻译 API，后者可读取内部数据库但禁止修改。可为每种工具定义对应角色，并在 Manifest 声明中附加权限域属性。部署时由网关或策略引擎据此限制其能力范围。例如，翻译插件进程运行在受限容器中，只具有访问翻译 API 的网络权限；数据库查询插件运行时使用只读数据库凭据并由策略代理拦截任何企图执行修改操作的 SQL 语句。通过这种“身份 + 环境”双重约束 的方式，将 MCP 插件的权限锁定在预期范围内，杜绝越权行为。

8.2 数据安全：部署架构与传输保护机制

数据是 MCP 平台的生命线，在存储或流转环节一旦泄露、被篡改，业务可信根便瞬间瓦解。要让数据在云、边、端之间自由流动而滴水不漏，必须从网络分区、加密协议到密钥管理进行系统化加固。本节聚焦零信任架构、TLS/SM4 端到端加密、数据分区部署与 API 网关认证四大维度，提出符合 ISO/IEC 27001 与 GB/T 22239 要求的可落地数据安全策略。

8.2.1 架构安全设计

MCP 系统的数据安全首先体现在部署架构上，需要分层隔离和零信任理念。采用网络分区与数据分区手段，将系统划分为不同安全域（如 DMZ 区、应用区、数据区等），各区域间通过防火墙、网关进行访问控制，避免未经授权的横向移动。即使在内部网络，也不假定任何流量是可信的——这正是零信任架构（Zero Trust Architecture）的原则，“从不信任，始终验证”。每个请求无论来自内部还是外部，都必须经过身份认证和权限校验方可访问资源。

为此，可在服务间通信中引入双向 TLS 认证（mTLS）或 API 网关的签名校验，实现服务调用级别的强身份验证和加密。NIST 的零信任标准（SP 800-207）强调将每个数据源和服务都视作受保护资源，需持续评估访问请求的上下文和策略。在 MCP 中，这可体现为：各微服务通过服务网格或 Sidecar 代理强制 mTLS，只有提供有效证书的服务才能互相通信；对于调用外部第三方 API 的功能，则在出站网关统一管控，确保所有外联流量经过审计和限制，如图 8-4 所示。

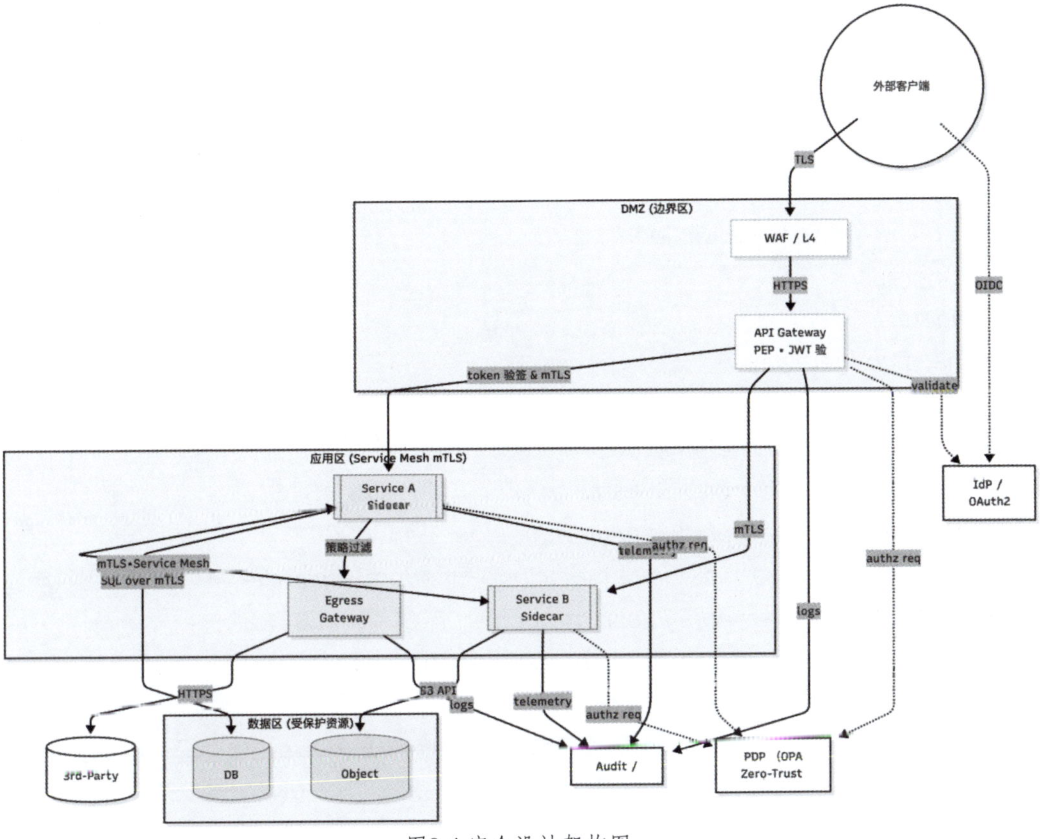

图8-4 安全设计架构图

8.2.2 传输加密与认证

无论内部还是外部流量，一律使用 TLS/HTTPS 加密通道传输数据，防止中间人攻击窃听或篡改数据。TLS 版本应符合安全标准，优先使用 TLS1.3，在需要兼容时至少使用 TLS1.2。采用强加密套件（如 AES-256）确保机密性。同时启用严格证书校验，包括服务器证书有效性和域名匹配，以防止假冒服务。客户端也可部署证书或密钥，实现双向认证，提高信任度。对于 Web 入口，强制使用 HTTPS，并通过 HTTP 安全头（HSTS、Content-Security-Policy 等）增加防护。API 网关作为 MCP 入口应执行身份认证和鉴权，可使用 OAuth2/JWT 令牌机制：客户端每次请求附带 JWT，网关验证其签名和过期时间，并检查其中的作用域 / 权限声明，确保其仅访问被授权的 API。例如，在“5.1.1 入口闸机：API Gateway+ 鉴权限流”的代码中，网关读取 Authorization 头解析 JWT，验证后将 uid 等加入上下文，这既实现了认证又为后续服务提供了用户身份依据。此外，可在 JWT 中加入“role/权限范围”声明，由下游服务进一步校验。

例如 MCP 的 Capability Token (X-Capability-Token) 就是传递调用额度和权限范围的手段，后端据此限制模型调用行为。

Web 入口完整 TLS/HTTPS 配置，以 NGINX Ingress 为例（启用 HSTS、TLS 1.3、强套件后，SSL Labs 测试评分可达到 A+）：

```yaml
YAML
apiVersion: networking.k8s.io/v1
kind: Ingress
metadata:
 name: mcp-gateway
 annotations:
  nginx.ingress.kubernetes.io/ssl-redirect: "true"
  nginx.ingress.kubernetes.io/hsts: "true"          # 强制 HSTS
  nginx.ingress.kubernetes.io/hsts-max-age: "31536000"
  nginx.ingress.kubernetes.io/hsts-include-subdomains: "true"
  nginx.ingress.kubernetes.io/ssl-protocols: "TLSv1.3 TLSv1.2"
  nginx.ingress.kubernetes.io/ssl-prefer-server-ciphers: "true"
  nginx.ingress.kubernetes.io/ssl-ciphers: >-
   TLS_AES_256_GCM_SHA384:TLS_CHACHA20_POLY1305_SHA256:
    ECDHE-ECDSA-AES256-GCM-SHA384:ECDHE-RSA-AES256-GCM-
SHA384
spec:
 tls:
  - hosts: [ "api.example.com" ]
   secretName: tls-cert-ecdsa    # 采用 ECDSA 证书，兼具性能与安全
 rules:
  - host: api.example.com
   http:
    paths:
```

```
  - path: /
   pathType: Prefix
   backend:
    service:
     name: mcp-gateway
     port:
      number: 443
```

JWT 声明与网关校验（Python / FastAPI）：

```
Python
from fastapi import Depends, HTTPException, status
from jose import jwt, JWTError
from datetime import datetime, timezone

SECRET = "top-secret"        # 建议改为环境变量
ALGO  = "HS256"

def decode_token(token: str) -> dict:
  try:
    payload = jwt.decode(token, SECRET, algorithms=[ALGO])
  except JWTError:
    raise HTTPException(status_code=status.HTTP_401_UNAUTHORIZED,
              detail="Invalid token")
  # exp / iat 校验
  if payload["exp"] < datetime.now(tz=timezone.utc).timestamp():
    raise HTTPException(status_code=status.HTTP_401_UNAUTHORIZED,
              detail="Token expired")
  return payload

def authn_authz(authorization: str = Depends(auth_header)):
  token = authorization.split(" ")[1]
  claims = decode_token(token)        # { uid, role, scope, ... }
  # 简单 RBAC：仅 MCP_admin 访问管理 API
  if claims["role"] != "MCP_admin" and "/admin" in claims["scope"]:
    raise HTTPException(status_code=403, detail="Forbidden")
```

```
    return claims
```

JWT payload 示例：


```
JSON
{
  "sub": "user42",
  "role": "staff_user",
  "scope": ["/v1/chat", "/v1/orders/*"],
  "iat": 1720151845,
  "exp": 1720155445
}
```


服务间双向 TLS（mTLS）—Istio PeerAuthentication：


```
   YAML
apiVersion: security.istio.io/v1beta1
kind: PeerAuthentication
metadata:
  name: default
  namespace: mcp
spec:
  mtls:
    mode: STRICT        # 全流量强制 mTLS
```


总之，通过“HTTPS 全面加密 + 统一身份认证 + 逐跳授权检查”的组合，保证数据在传输链路上不被窥探且只到达有权限的接收者。

8.2.3 数据存储与分区

在存储层面，对敏感数据采取分区存储和加密措施。根据数据的重要性和合规要求进行分类分级，机密数据独立存放并加强访问控制。例如，将用户隐私信息单独存储在加密数据库或安全模块中，应用访问这些数据需通过受控接口，并记录审计日志。采用数据库内置加密或透明加密技术，确保即使底层存储介质泄露，数据也是密文不可读。此外，实施数据分割（Data Partitioning），在多租户场景下为不同租户的数据提供逻辑或物理隔离。MCP 若为多个业务单元服务，可按业务将数据索引隔离，不同业务的数据在存储上互不可见，从而从架构上降低大范围数据泄露的风险。网络方面，参考分区策略，关键数据库服务器部署在内网安全区，只能通过应用服务器访问，不直接暴露。在应用与数据库间启用安全协议（如数据库通信开启 SSL/TLS）。同时，备份数据也应加密存储并妥善保护密钥，如图 8-5 所示。

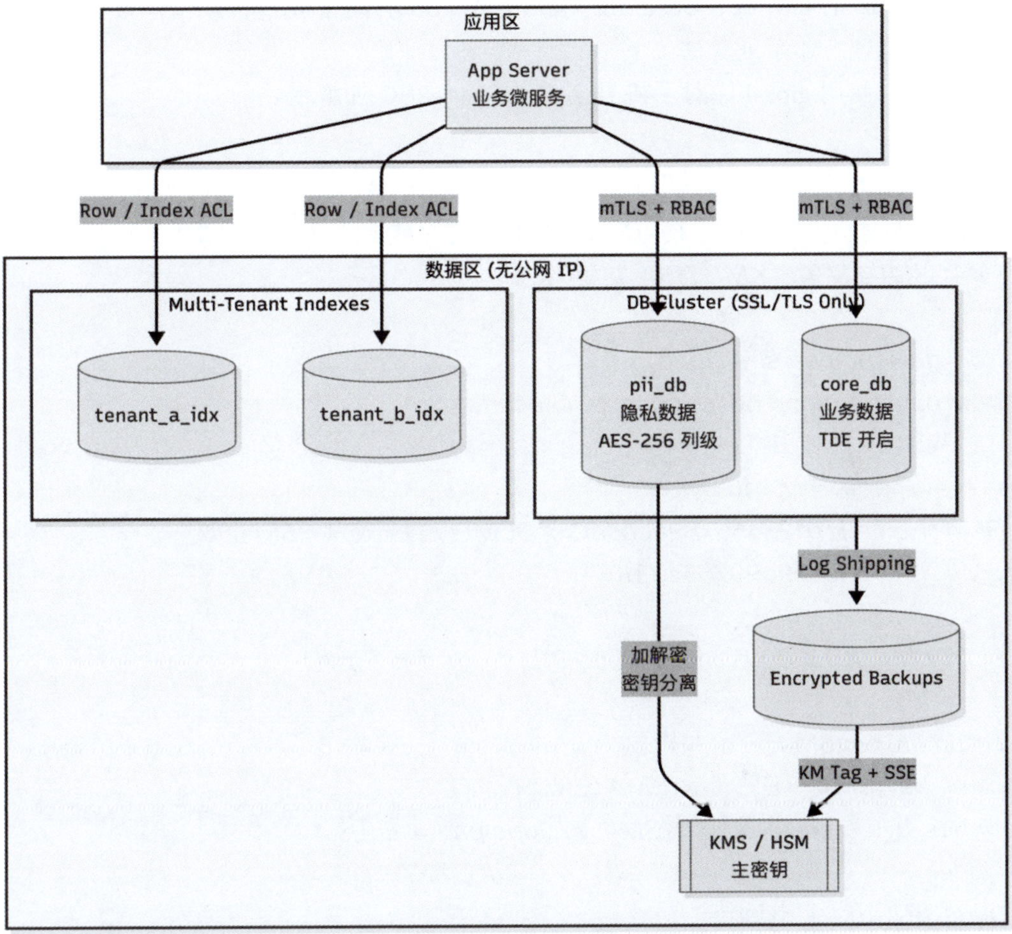

图8-5 数据存储与分区设计

8.2.4 国密算法应用

针对在中国境内部署的系统，遵循国家密码管理要求，优先使用国产商用密码算法，如 SM 系列。SM4 为国家公布的分组对称加密算法，可用于替代 AES 执行数据加解密，以满足合规要求。例如，对用户敏感数据字段（手机号、身份证号等）使用 SM4 进行加密存储，对外通信支持国密 TLS 套件（使用 SM2 证书和 SM4 会话密钥）以满足监管要求。GB/T 22239-2019《信息安全技术 网络安全等级保护基本要求》在第三级及以上系统中明确要求关键网络通信应采用密码技术保障安全。这意味着对于 MCP 这样承担重要业务的数据处理平台，应在网络层和数据层广泛使用经过国家认证的密码算法，诸如 SM3 哈希确保完整性、SM2/SM9 用于身份认证和密钥交换、SM4 用于数据加密等。实际落地中，可以借助开源国密库（如 OpenSSL 的 GM 版，BabaSSL 等）实现 TLS 的国密改造，或使用硬件密码机来管理和加速 SM 系列算法。

例如，使用 gmssl 库对手机号字段做 SM4-CBC 加解密：

```
Python
"""
用途：对敏感字段（手机号）使用 SM4-CBC 加密并存储十六进制字符串
强制：密钥与 IV 需经 KMS 管理，这里仅演示
"""
from gmssl import sm4, func
from base64 import b64encode, b64decode

# === 准备密钥与 IV（16 Bytes）===
SM4_KEY = b"0123456789abcdef"  # DEMO：生产请从 HSM 拉取
SM4_IV  = b"fedcba9876543210"

plain = "13800138000".encode("utf-8")          # 手机号示例
# === 加密 ===
c = sm4.CryptSM4()
c.set_key(SM4_KEY, sm4.SM4_ENCRYPT)
cipher_bytes = c.crypt_cbc(SM4_IV, func.pad(plain))
cipher_hex  = cipher_bytes.hex()            # 适合存入 DB
print("ENC(hex):", cipher_hex)

# === 解密 ===
c.set_key(SM4_KEY, sm4.SM4_DECRYPT)
raw = c.crypt_cbc(SM4_IV, bytes.fromhex(cipher_hex))
plain_text = func.unpad(raw).decode("utf-8")
print("DEC:", plain_text)
```

OpenSSL-GM：生成 SM2 证书 & 签发链（需使用带国密算法补丁的 OpenSSL，如 OpenSSL 1.1.1t+gm 或 BabaSSL）。

```
Shell
# 1) 生成 SM2 私钥
```

```
openssl genpkey -algorithm EC -pkeyopt ec_paramgen_curve:SM2 -out sm2.
key.pem

# 2) 生成 CSR，并指定 SM3 哈希
openssl req -new -sm3 -key sm2.key.pem -out sm2.csr.pem \
 -subj "/C=CN/ST=BJ/O=MyCorp/OU=MCP/CN=api.example.com"

# 3) 使用国密根 CA 签发
openssl x509 -req -in sm2.csr.pem -CA gm-ca.crt -CAkey gm-ca.key \
 -CAcreateserial -out sm2.crt.pem -days 365 -sm3
```

Nginx：启用国密 TLS 套件（SM2 证书＋ SM4 会话密钥）。

```Bash
# nginx.conf 片段 - 仅做演示
server {
  listen 443 ssl;
  server_name api.example.com;

  ssl_protocols TLSv1.2;              # 国密目前依赖 TLS 1.2 GM 扩展
  ssl_ciphers  ECDHE-SM2-WITH-SM4-SM3;      # 指定 GM/T 0024 套件
  ssl_certificate     /etc/ssl/sm2.crt.pem;
  ssl_certificate_key /etc/ssl/sm2.key.pem;

  # HSTS 与安全头
    add_header Strict-Transport-Security "max-age=63072000;
includcSubDomains";
  add_header Content-Security-Policy "default-src 'self'";

  location / {
    proxy_pass http://mcp_gateway_upstream;
    proxy_set_header Authorization $http_authorization;  # 透传 JWT
    proxy_set_header X-Forwarded-Proto https;
  }
}
```

8.2.5 零信任架构要素

零信任（Zero Trust, 简称 ZT）并不是单一技术，而是一套“从不信任，始终验证”的连续控制体系。NIST SP 800-207 将其拆解为七大支柱：身份、设备、网络 / 环境、应用、数据、可视化与分析、自动化与编排。下面结合 MCP 场景，对这些要素及其关键设计理念进行展开说明。

1. 强身份与持续认证

多因子与无密码登录：人用户登录统一走 IdP（OIDC + MFA 或 FIDO 2）；机器身份（服务账号、Sidecar）使用 SPIFFE ID 或 SM2 证书。

动态凭证失效：JWT/SPIFFE 工作负载证书 TTL ≤ 60 min，自动轮换，降低凭证泄露窗口。

行为异常触发再认证：当同一 access_token 在 30s 内从北京、洛杉矶两地被使用，PEP 立即要求二次 MFA，并在 SIEM 中记录高风险事件。

2. 最小权限与上下文感知授权

RBAC+ABAC 策略：大权限由角色控制，细粒度由属性（部门、工位 IP、操作时段）动态判定。

PDP/PEP 双层模式：PDP——Open Policy Agent（OPA）集中评估 (Subject, Resource, Action, Context)，策略可 GitOps 化；PEP——实现于 API Gateway、Service Mesh Sidecar、数据库代理三类边界，强制执行 PDP 决策。

自适应访问控制：策略可返回 allow、deny、step-up-auth（要求增强验证）三种结果；服务框架内置 OTP / WebAuthn 流程，可在同一 TCP 连接中升级认证强度。

3. 微隔离（Micro-Segmentation）

网络层：在 CNI 插件中启用 L7 策略，工作负载之间默认为零通行，每个微服务只开放必要端口给被允许的主体。

进程层：利用 eBPF 或 AppArmor 将“读写 /etc/passwd”“连接 3306”这类系统调用按进程签名做隔离。

函数 / 作业层：Serverless 函数 /Batch Job 每次调度都拉取一次短期证书，函数结束即失效，最小化侧信道。

4. 设备与环境态势评估

设备健康：工作站和移动端接入时检查杀软、补丁、加密磁盘等指标，写入 device_trust=low/medium/high。

网络信誉：IP/ASN 是否在威胁情报黑名单中，跨国跳点是否符合员工出差信息。

运行时指纹：CPU、OS 版本、登录习惯，行为异动时下调信任值，PDP 可实时获取 risk_score 决定跳板机、阅览模式或直接拒绝。

5. 可观测性与实时分析

全链路 Trace：PEP 在转发前后记录 trace_id，SIEM 能精确复盘一次跨 8 个微服务的请求栈。

策略评估日志：PDP 输出 {decision, policy_id, latency, input.ctx}，方便审计“哪条规则拦下了谁”。

异常基线：Prometheus 指标 zt_deny_total{reason="geo_mismatch"} 若 5min 涨幅 >3×，PagerDuty 告警安全团队。

6. 自动化与编排

Policy-as-Code & GitOps：所有 Rego / Casbin 策略与微服务代码同仓，合并需过 e2e 测试，Tekton 持续部署 OPA Bundle。

自愈措施：当 IDS 告警“内网暴力破解”触发 Playbook，SOAR 工具自动吊销相关证书、隔离源 Pod，并通知值班人员。

密钥轮换管道：HSM/Vault 与证书颁发服务对接，7 天换根密钥不依赖手工，Sidecar 自动热加载新证书，无须重启。

典型访问流程示意：

- 请求入网→ PEP 从 JWT 解析角色 & 取 IdP 会话。
- 上下文收集→ PEP 加入 device_trust=medium、geo=CN-BJ、path=/v1/chat。
- 请求 PDP → PDP 加载租户策略：deny if role!=finance && resource=report。
- 动态决策→若 finance+8:00～18:00 满足，则 allow；否则返回 deny 或 step-up-auth。
- 日志上报→ decision=deny, reason=geo_mismatch 写入 SIEM。

零信任的核心在于持续验证和动态决策。通过引入 PDP/PEP 双层架构、微隔离网络、设备及行为态势评估，MCP 能够对每一次数据访问进行“实时健康体检”——验证身份真伪、评估情境风险，再按最小权限放行。即便凭证泄露或单点被攻破，攻击者也难以横向扩展或持久化渗透；而自动化管控与可观测体系则确保策略维护高效、溯源清晰，真正让“零信任”从口号转化为可运行、可量化的安全基座。

小结

既要保障“静态”存储的数据加密分区、按需可见，又要保护“动态”传输的数据全程加密、身份验证。通过架构分区和零信任原则，在 MCP 内部构筑起重重边界，实现端到端加密和处处验证：从用户到网关的 HTTPS 保护、服务间的 mTLS 信任、数据库只允许可信应用访问，到每个请求都绑定身份与策略检查。再辅以国密算法满足本地合规要求，使系统不仅在技术上安全，而且符合法规要求。这一系列措施共同编织出一张严密的“安全网”，在保障数据机密性和完整性的同时，确保只有被授权的人和程序才能接触到他们被允许看的数据，真正做到“数据在路上和在家里都是安全的”。

符合标准与建议：国际标准 ISO/IEC 27001 在控制域 A.13 通信安全和 A.8 密码控制中，对数据在传输和存储的加密提出要求。组织应使用强加密算法来保障信息的机密性、完整性，例如，推荐采用 256 位密钥的 AES-256 算法进行存储加密，以及通过 TLS1.2/1.3 协议保护数据传输。国内《信息安全技术网络安全等级保护基本要求》（GB/T 22239）同样规定，二级、三级系统在“安全通信网络”方面需使用加密手段、防护通信链路，以及在“安全计算环境”方面对存储介质加密和密钥管理的要求。因此，建议 MCP 系统在设计时即对照上述标准逐条落实：从选择符合标准的加密协议和算法，到制定密钥管理制度（密钥定期更换、密钥分级存放），再到对传输过程、API 调用、数据存储进行全方位的加密与认证保护。只有这样，才能有效防范窃听、篡改和未授权访问等风险，从而在各环节为数据戴上“安全锁”。

8.3 用户操作确认与人工审核流程设计（避免模型失控的关键防线）

再强大的大语言模型也可能在边缘场景中做出超出预期的决策，尤其当它被赋予调用外部工具或修改生产数据的能力时，任何一次误判都可能演变为业务事故。因此，在智能执行链路中嵌入“人类最后一公里”至关重要。本节通过二次确认、审批队列、责任链拦截器与安全沙箱，构建从自动过滤到人工复核的分层防线，确保高风险操作在落地前始终可见、可控、可追溯，如图 8-6 所示。

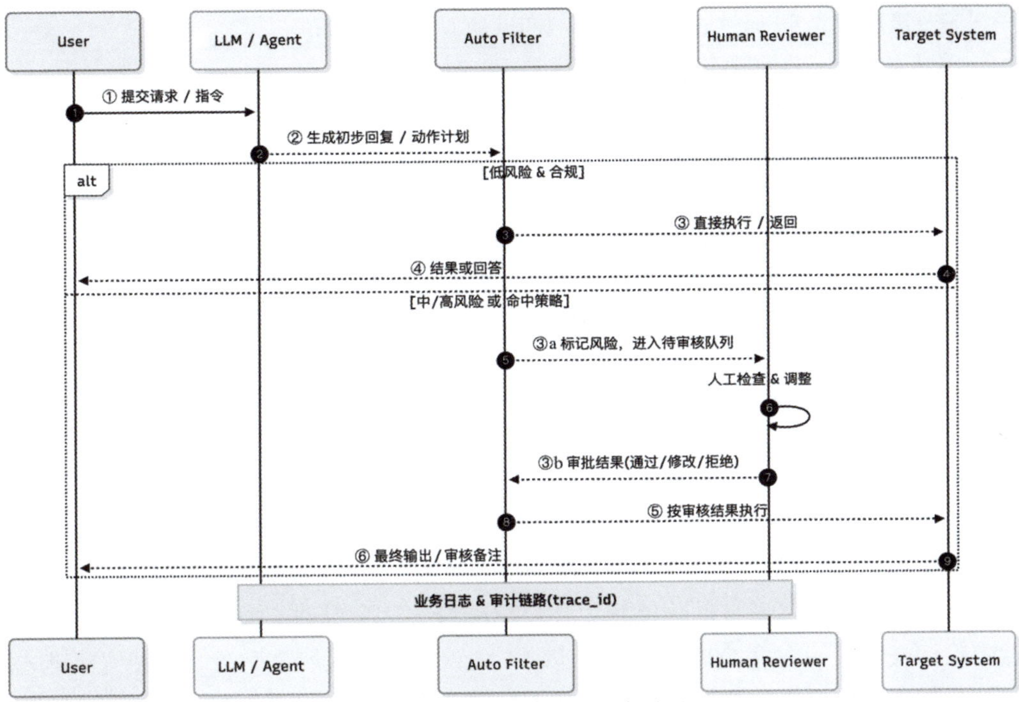

图8-6 人工审核与确认流程序列图

LLM 产生输出后，内容过滤模块首先自动检查（步骤②）。若无风险则直接返回给用户（③ a）；如检测到可能的问题则将结果提交人工审核（③ b），由审核员决定修改或批准输出（④），最终再送达用户（⑤）。这一责任链机制确保高风险输出在人工审前不会直接生效。

8.3.1 不可预测性风险

大语言模型（LLM）在具有强大能力的同时，其生成行为具有一定不可预测性，可能出现违规操作、错误信息甚至安全隐患。为降低这类风险，在架构上需要引入用户操作确认和人工审核的关键防线。当模型尝试执行高风险操作或输出敏感内容时，不应完全信任其自主决策，而要由人类在环进行复核与把关。这体现了“Human in the Loop”（人类在环）的理念，将人工智能与人工监督相结合，构建多层次的容错机制。

大语言模型基于概率分布生成内容，相同输入也可能产生不同输出，且模型并不真正“理解”现实约束。

语义漂移	用户问“冻结客户账户”，模型可能误解为“删除账户”
镜像放大	提示中稍带片面观点，模型会极度放大偏见
工具误调用	在多插件场景，模型把“查询库存”错映射到“更新库存”，导致数据篡改
幻觉	编造不存在的政策、数字或引用，造成误导

这些输出在对话层面只是“说错话”，但当模型连接数据库、支付网关、PLC产线时，就可能直接改变世界状态，风险成倍放大。

8.3.2 操作两次确认机制

针对用户触发的重要操作，在模型执行前增加二次确认。具体做法包括：当用户经由 LLM 提出执行破坏性或不可逆的指令（如删除大量数据、批量发送通知）时，系统应先反馈一个确认提示，由用户手动确认或输入特定验证码后才真正执行。例如，某管理 Bot 通过 LLM 接口接到“重启服务器”命令时，不直接操作，而是回复“请确认要重启服务器 X”，回复“YES 以确认”，仅在收到用户明确确认后才调用实际重启 API。对于自动化流程，还可以结合多因素认证，如要求用户在手机上点击确认或输入一次性 OTP 码，防止因 LLM 误操作导致严重后果。这种“双键式”的确认相当于核操作的两把钥匙，增加了一道人为保险，如图 8-7 所示。

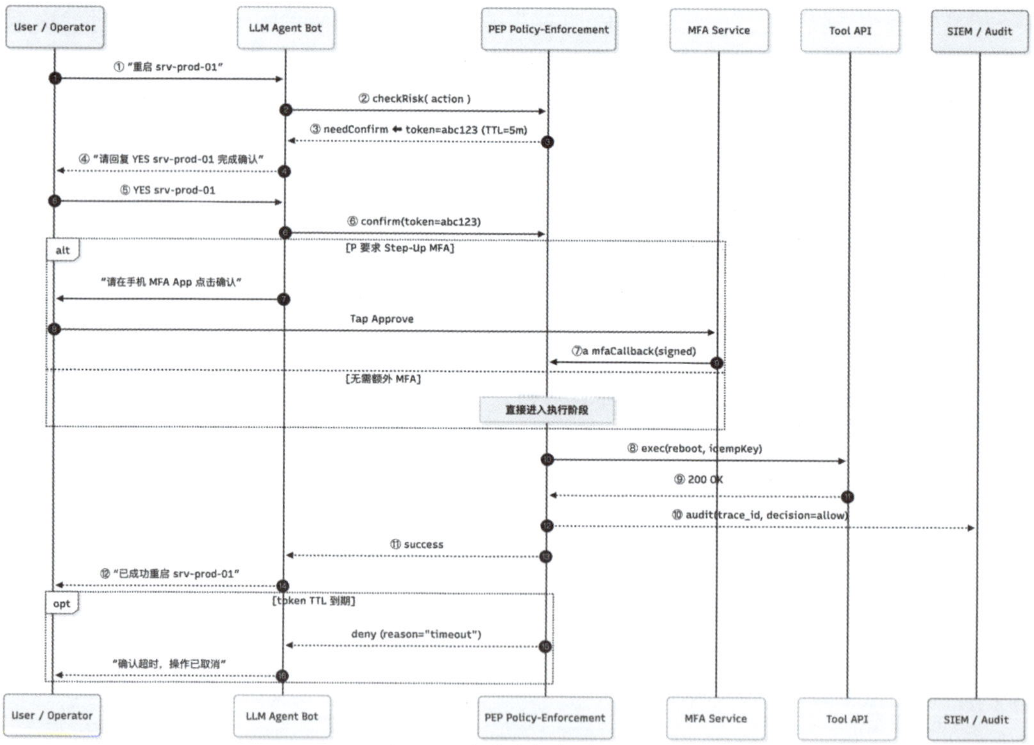

图8-7 二次确认机制时序图

通用流程（人类确认同步链路）如下。

（1）LLM 生成工具调用计划。

（2）PEP 风险评估：命中高危 → 打上 need_confirm 标记。

（3）Bot 发起确认提示："检测到您将重启服务器 srv-prod-01。为避免误操作，请输入"YES srv-prod-01"。"

（4）用户响应有以下几方面。

- 手动回复文本（YES/NO）。
- 点击 UI 按钮（Approve/Reject）。
- 通过 MFA（Push/OTP/FIDO2）。

（5）确认窗口：默认 60s ~ 5min，超时即自动取消（fail-closed）。

（6）PEP 校验：比较验证码或验证 MFA 交易码。

（7）工具真正执行⟷记录审计：trace_id、confirmation_id、签名、时间戳。

8.3.3 人工审批与审核流程

在 MCP 生产环境中，它让 LLM 与工具集成的威力得以释放，同时确保：不合规 / 高危操作永远有人兜底；每一次放行都有名有姓可追溯；拒绝样本及时反哺模型。形成"人工 - 模型 - 策略"三位一体的自进化安全网。下面围绕人工审批的必要性以及如何构建审批过程进行描述。

1. 为什么必须有人工审批?

可以分以下三个层面来总结其必要性。

（1）人类价值判断不可替代。误导性医疗建议、敏感舆情、财务操作等高风险输出往往需要法律、医学、财务等专业判断，而当前 LLM 仍难以百分之百保证其可靠性与合规性。

（2）合规与责任落点。《生成式 AI 服务管理暂行办法》（2024）与 EU AI Act 均要求高风险场景必须设置"人工监督""风险缓解"措施，在企业内部，SOX、ISO 27001 同样要求关键操作有人类签字。

（3）纠正数据迭代。人工 -Reject/Edit 样本是后续微调和对齐训练的黄金数据，为"安全飞轮"提供原料。

2. 审批流的核心构件

通过人工审核极大地保障了安全，将建设一系列的组件来满足整个人工审核流程：

组件	关键功能	典型实现
风险评估器	对 LLM 输出打标签：low/medium/high/critical	规则 + 小模型；维护“敏感词、危险 API、金额阈值”
审核队列 (Review Queue)	保存 需审核 项目、排序、SLA 计时	Kafka/Redis Stream+ 元数据表
审批控制台	呈现上下文、提示、模型思路链（CoT）、引用来源，供人工决定	React+Tailwind+WebSocket 实时推送
决策服务 (Decision Engine)	聚合审核动作→ update 状态→触发后续	Camunda、Temporal、自研微服务
责任链 & 审计	把 trace_id+reviewer_id+decision 写入链路日志，保障可追溯	OpenTelemetry span+Elastic/Loki
SLA & Escalation	逾时未审自动升级；连续驳回触发 AI Owner 复盘	PagerDuty, OpsGenie，钉钉 /Feishu 机器人

3. 流程分级与责任链

当然对于不同的业务和数据，要对流程进行分级，提高流程流转效率，不必要地浪费人力。

（1）低风险（FAQ、公开资料摘要）→自动发布，但仍记录日志。

（2）中风险（营销文案、一般 SQL Read）→一键放行 / 修改 / 驳回；SLA 10 min。

（3）高风险（客户赔付、批量数据写入）→“2 人原则”：值班 + 直属主管；SLA 5min；需填写审批理由。

（4）致命风险（删除生产数据、发全员短信、改权限）→“双签”并经“安全官”二次核验；SLA 2min；操作前进入沙箱演练。

4. 端到端时序（内容示例：客服回复）

模拟一个整体的回复过程如下。

（1）客户问题→ LLM 草稿。

（2）Risk=medium。

（3）入队→ queue_id=Q123。

（4）审核员 Dashboards 弹窗。

（5）审核员轻修改错别字，点 Approve。

（6）Decision Engine →“update status = approved; diff = ...”。

（7）MCP Bot 输出正式回复。

（8）trace_id+reviewer_id+diff 写入 SIEM。

5. 高风险操作示例：修改数据库

模拟一个越权的操作，来看看如何对这个动作进行审核和发现。

（1）入队：Risk=high →主管 /DBA 双签。

（2）控制台显示：SQL、行数、sandbox_diff、最近 5 次类似操作。

（3）审批动作如下。

- Approve：生成 idemp-key，转正式 API；锁 3min 防重复。
- Edit：可改 WHERE 条件并重估行数。
- Reject：写原因“行数过大，需分批”。

（4）执行 & 审计：audit{sql_hash, approverA, approverB, affected=1832}。

6. 指标与持续优化

整个过程中，会涉及 4 个关键指标：

指标	目标	用途
review_pending_total	监测排队积压	调整人力班次
sla_violation_total	0/day	发现流程瓶颈
auto_reject_ratio	<5%	判断风险分级是否过于严格
edited_ratio	监控模型质量	训练样本回流阈值

7. 与 LLM 迭代的闭环

每晚批量导出 decision=reject& 修正 diff → Fine-Tune/RL 训练→下周模型版本减少相同错误。

策略回放：取最近一周“已放行”示例重新跑在沙箱，对比结果；如输出偏差升高则回滚模型。

人工审批流程把“风险可控”拆解为队列化→分级审→双签保险→完整审计四步。

8.3.4 责任链结构与拦截器

在技术实现上，可采用责任链（Chain of Responsibility）设计模式构建模型输出的多级过滤管道。模型的响应在最终输出给用户或执行前，依次经过一系列拦截器处理，每个拦截器承担不同的安全检查职责。

1. 设计理念

责任链（Chain of Responsibility）模式让多个处理器按照既定顺序逐一接力。

模块化——每个拦截器只做一件事，新增或调整不影响其他节点。

按需提级——一旦某环节标记“风险”，链路即分叉至人工或沙箱，不浪费后续资源。

强观测——环节越清晰、指标越细颗粒，方便定位“卡”在哪一步。

在 MCP Orchestrator 中，责任链往往被实现为 Interceptor Middleware Stack。

请求流：User → Proxy → LLM → Interceptor1…N → Output/Tool。

双向流：拦截器既可修改 / 阻断 LLM 输出，也可在输入端注入提示、上下文。

2. 基础链路（Recommended）

利用七种拦截器做好链路过滤：

序号	拦截器	职责	常用技术 & 输出字段
1	Prompt Guard	标准化提示，注入系统指令（指令优先级、拒答模板）	Prompt Template+ 编码校验
2	Content Filter	敏感词、PII、涉政、违禁品检测	DLP/RegEx/ 小模型；risk.content
3	Fact Checker/RAG Guard	对外部事实陈述检索核实，置信度 > 阈值→ risk.fact	向量检索、SelfCheckGPT；conf_score
4	Tool Policy Guard	校验 LLM 计划调用的工具是否越界（参数、额度）	OPA/Casbin; risk.tool_viol
5	Response Length/Rate Limiter	防止超长输出、洪水回复	token 计数、速率管控；risk.format
6	Human Review Gate	若 risk.* ≠ none →入队人工审批	Kafka / Redis Stream
7	Audit Logger	trace_id+risks+decisions 全链写日志	OTEL span → SIEM

3. 责任链代码骨架（Python FastAPI + Starlette Middleware）

给出责任链代码的描述，进一步说明此处的设计方式：

```python
class BaseInterceptor:
  async def __call__(self, req, call_next):
    raise NotImplementedError

class ContentFilter(BaseInterceptor):
  async def __call__(self, req, call_next):
    resp = await call_next(req)
    if contains_sensitive(resp.text):
      resp.context["risk"].append("content")
    return resp

class FactChecker(BaseInterceptor):
  async def __call__(self, req, call_next):
    resp = await call_next(req)
    if not verify_facts(resp.text):
      resp.context["risk"].append("fact")
```

```
    return resp

class HumanGate(BaseInterceptor):
  async def __call__(self, req, call_next):
    resp = await call_next(req)
    if resp.context["risk"]:
      enqueue_for_review(resp)
      raise HTTPException(202, "Pending human review")
    return resp

middleware_stack = [
  ContentFilter(),
  FactChecker(),
  ToolPolicyGuard(),
  HumanGate(),
  AuditLogger(),
]
```

要点：

- 每个中间件附加或读取 resp.context["risk"]。
- 新增拦截器只需实现 call 并插入列表即可，无侵入。
- 中断（raise）后续链条或修改响应即可实现“提级”。

4. OPA Policy Guard 示例

下面通过具体的 OPA Policy Guard 示例，来进一步展示其在实际场景中的应用方式与效果：

```
  Python
package mcp.policy

deny[msg] {
 input.tool.id == "db.delete"
 not input.subject.role == "DBA"
 msg := "delete tool needs DBA role"
}
```

```
deny[msg] {
  input.content.contains_violation == true
  msg := "Sensitive content blocked"
}
```

Interceptor 调用：

```Shell
decision = requests.post(OPA_URL, json=input_ctx).json()
if decision.get("result", False):
   resp.context["risk"].append("policy")
```

5. 责任链可扩展场景

下面将给出不同场景下不同的拦截器应用：

新增拦截器	场景	实现要点
Explainability Checker	金融 / 医疗需给出证据链	检查回答是否含引用，未包含则 risk.explain
Prompt Injection Detector	外部用户可自定义系统指令	解析提示层级，发现 SYSTEM：伪造标签即阻断
Emotion & Tone Filter	品牌一致性	语气分析，过激 / 消极语气需修改
Data Leakage Guard	内部问答含机密	检查回复中的内部代号或源码片段

6. 序列图（高危内容进入人工审核）

接下来进一步展示人工审核在整个对话过程中的时序位置，如图 8-8 所示。

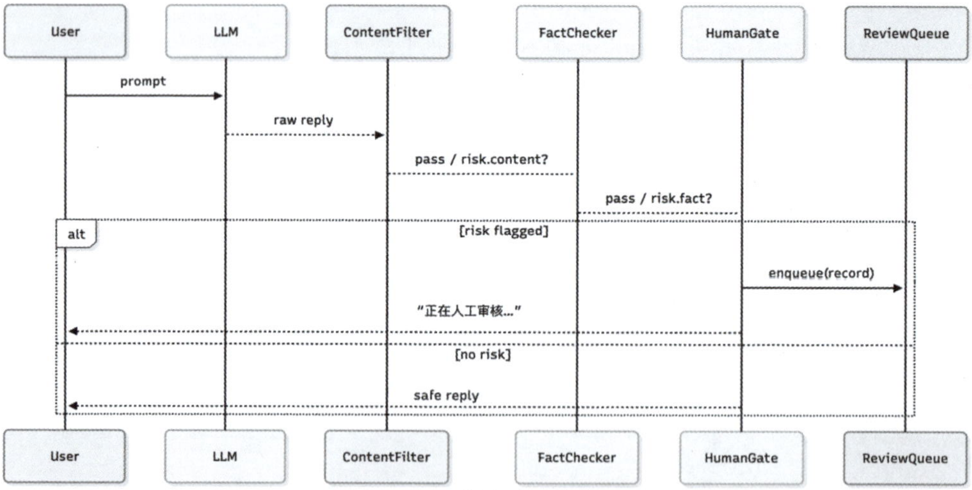

图8-8 人工审核过程时序图

7. 处与度量

责任链 + 拦截器把“安全”拆成一块块可单测、可灰度的模块，既能自动挡掉 70% ~ 90% 可判定风险，又能把边缘、不确定的情况提级到人工或更精细的检测器，实现性能、成本、风险三平衡。随着新威胁出现或法规升级，只需向链上再挂一个拦截器即可快速响应，确保 MCP 生态在演进中始终保持安全韧性。其优点有如下几个方面。

- 组合灵活：政策变动或产品新线，可热插拔拦截器。
- 定位精准：哪一环漏检，通过 risk.tag 即可溯源。
- 性能可控：高耗时拦截器（如事实核查）可以异步、缓存或仅对 risk_hint=true 触发。
- 量化治理：指标 risk_fact_detected_total / review_pass_rate 反映模型与策略效果，指导改进。

8.3.5 安全沙箱试验

为了进一步缓解 LLM 行为不可预测的问题，可以引入安全沙箱（Sandbox）机制。即模型请求执行某些操作（尤其对外部系统的写操作）时，先在隔离环境中模拟或演练其效果，确认无误后再正式应用。

1. 安全沙箱（Sandbox）

一片与生产环境逻辑隔离的“影子空间”。

（1）逻辑隔离：真实 API、数据库或文件系统的只读快照 / 影子副本。

（2）行为回放：对写操作进行 Dry-Run 或 Mock，记录即将发生的改动。

（3）策略裁决：将模拟结果提供给人类或策略引擎，再决定是否放行。

换言之，LLM 的任何“会改变世界状态”的指令，都要先在沙箱中试演，通过后才能“登堂入室”。

2. 适合使用沙箱的场景

场景一：数据库读写，对生产、财务等业务表进行保护，可以通过影子库对比 before/after 的行数、字节数等指标进行判定。

场景二：文件 / 对象操作，避免误删误覆盖，可以列出即将删除或覆盖的文件清单进行计算校验。

场景三：基础设施管理，误扩容、误重启等，可以运行 plan/dry-run 等，对比期望与实际的变更结果。

场景四：批量通知，避免类似于垃圾短信、钓鱼邮件等，可以生成 Preview(50 条样本)+ 费用的评估结果。

3. 沙箱的结构及关键组件

沙箱的结构及关键组件包括：影子资源层、行为捕获层、评估引擎（Judge）、审计系统和真实执行层。

沙箱结构	关键组件
影子资源层	数据库用影子 schema 或 RDSClone； 文件用 overlayfs/tmpfs； 云资源用 Terraform plan、K8s--dry-run=server
行为捕获层	拦截所有写指令并记录参数、行数、对象 ID； 可生成 JSON Patch/SQL Diff，供上游评估。
评估引擎（Judge）	业务规则：行数 > 阈值？影响金额？路径越权？ 风险评分：高风险→人工；低风险但异常→二次确认。
审计系统	沙箱行为照样写入 trace，供威胁狩猎、模型调优。
真实执行层	仅当 Judge 返回 allow 且（如需）人审通过时才触发。

4. 采用文件删除操作作为沙箱的流程示例

采用文件删除操作作为沙箱的流程共有七步。

第一步，LLM 工具调用请求：

```Shell
{tool:"file.delete", path:"/data/log/*.gz", risk:"high"}
```

第二步，Interceptor →将调用路由到沙箱 /sandbox/log/。

第三步，Recorder → glob 匹配 482 个文件，总计 1.7GB。

第四步，Judge 规则：路径不在白名单；删除量 >500MB；⟹标记 NEED_REVIEW。

第五步，人工审核员查看列表与大小，确认路径正确，点击 Approve。

第六步，系统生成 idemp-key+digital-sig，转向真实 file.deleteAPI。

第七步，执行成功 + 写审计：trace_id, sandbox_diff_sha256, reviewer。

5. 局限与缓解

借由沙箱，MCP 把对外写入能力从“信任即执行”升级为“先演练、再决策、再落地”，极大降低了不可预测的风险，是将 Human-in-the-Loop、PolicyGuard、审计飞轮有机结合的最后一块拼图。但也会有相关的局限如下：

局限	可能影响	缓解措施
写 - 放大：演练后数据量变化与真实环境不一致	资源评估失真	将 diff 结果加权或使用事务估算
时序副作用：API 调用依赖准确时间戳	沙箱与实时系统偏差	提供虚拟时钟或演练时冻结时间
外部系统：第三方 API 无沙箱	演练难度大	使用 stub/mock 或代理转储

8.3.6 变更审计和责任追溯

要把 LLM 带来的高效率与企业对可追责、安全合规的硬性要求真正融合，唯一可靠的办法是把“每一次模型驱动的变更”都当作审计对象，像财务分录那样全程留痕。具体落地时，MCP 的编排器为每条调用生成一个贯穿端到端的 trace_id；拦截器链在不同环节持续附加元字段：哪个版本的模型、使用了哪套提示、风险分级结果是什么、是否触发沙箱或人工复核、人工给出的结论是什么。最终，这些字段与操作本身（SQL 语句、文件路径、API 参数、沙箱 diff 摘要）一起被写入 OTLP Trace，再同步到 ELK、ClickHouse 或 Splunk 等 SIEM 平台，并按“不可篡改”模式（WORM S3 桶或 Kafka+ 对象存储快照）留存至少五年。

典型日志（JSON 行）大致如下：

```JSON
{
 "ts": "2025-07-01T12:08:45.219Z",
 "trace_id": "9b8f1e4c-7ca0-4a8d-b0a0-e1d44bd9f98f",
 "span": "tool.exec",
 "model_id": "yinlang-34b@20250615",
 "prompt_tpl": "order_refund_v4",
 "risk_level": "high",
 "sandbox_diff_sha256": "88b97e…",
 "decision": "approved",
 "decision_maker": "Human:rev_1027",
 "reason_code": "manual_over_threshold",
 "affected_rows": 1832,
 "idempotent_key": "c2afe5…",
 "client_ip": "10.0.42.17",
 "tenant": "acme_cn",
 "compartment": "finance-prod",
 "sig": "MEYCIQDO…Xw=="
}
```

几个关键设计体现如下。

1. 人机区分

decision_maker 字段把模型的自动放行（AI）与人工干预（Human:<id>）明确区分，满足 NIST AI RMF 对“记录人工介入、保存决策依据”的要求。

2. 可复现

sandbox_diff_sha256 对应一份归档的 diff 文档，只要持有哈希就能反推出当时拟执行的全部更改，为事故复盘或法律举证提供材料。

3. 不可抵赖

日志条目整体用私钥签名（字段 sig），并写入 WORM 存储或上链，保证任何事后篡改都会导致哈希不符。

4. 快速溯源

运营或安全团队只要在 SIEM 中检索 trace_id 就能串联出完整链路，如果出问题，一眼便知是模型直通还是某位审核员点击了 Approve 按钮。

对于在线查询和仪表盘，额外派生两类聚合指标：ai_vs_human_ratio（衡量自动化覆盖度）和 reviewer_error_rate（人工放行后仍被回滚的比例）。前者帮助运营评估“还能再自动化多少”，后者则让治理团队知道是否需要培训或调整放行策略。再配合 Kafka 流 Processor，可实时侦测“同一审核员 30 分钟内连续驳回率异常升高”这样的偏离行为，及时提醒质检或安全官介入。

最后，别忽视“日志自身的安全”。在 MCP 中，审计流量与业务流量分网传输，并使用 SM4 或 TLS 1.3 加密；日志索引使用 RBAC/ABAC 细分可见范围，开发者看不到生产租户日志，审核员也看不到其他业务线的数据。只有安全官或合规专员（经 MFA+Just-in-Time 权限）才能解密并检索全量日志。至此，模型、人工、策略、日志四位一体：模型高效驱动业务，人工在关键节点兜底，策略实时把关，而日志让每一次决定有据可查、有责可追。

小 结

面对大模型“行为不可预测”的挑战，不能将安全完全寄托于模型本身，而要通过流程和人为干预来管控风险。二次确认，给予用户或管理员最后的决策权，避免“一键送达”带来灾难；人工审核机制作为兜底保障，让 AI 的每一步重大举措都有监督。责任链式的多层拦截架构，将模型输出置于层层过滤之下，自动筛除明显违规内容，疑似违规内容则提请人工复核，实现了人机协同的治理闭环。同时，安全沙箱为 AI 的行动提供了一个练习场，先演练再实操，把潜在危害扼杀在付诸实施之前。贯穿这些机制的审计记录又保证了透明度和可追溯性。综合运用这些设计，MCP 系统能够在保证效率的同时，大幅降低因模型失控而产生严重后果的概率，做到既发挥 AI 智能又不失人类掌控。

考虑一个具备“自动工单处理”能力的 MCP 应用：用户提交请求后，LLM 会自动生成处理方案并调用一系列工具完成任务。但出于安全考虑，某些高风险的步骤（如关停生产设备）需要人工核准。系统实现时，可将 LLM 生成的工单处理步骤展示在管理控制台上，由值班工程师勾选确认关键步骤，然后系统再执行余下部分。若 LLM 方案有误，工程师可在控制台直接编辑修正，再提交执行。整个过程保留模型原方案、人工修改和最后执行结果等记录。这样的设计确保 AI 与人工紧密协作：AI 提供初稿和效率，人类提供判断和最终把关。又比如在内容生成场景下，某 MCP 插件可以批量撰写发布文章草稿，但在真正发布前，这些草稿统一进入编辑审核平台，由编辑筛查润色后才发布上线，从而杜绝 AI 直接发表不当言论的可能。这些机制的代价是增加了人力步骤，但对于关键业务领域（如医疗决策、金融交易）来说是必要的权衡。

8.4 减少模型幻觉的上下文注入方法

幻觉是大语言模型无法避免的特性之一，通过对应用的流程设计，以及对调用大语言模型方法的严格约束，并正视这个幻觉问题，将幻觉本身考虑到业务之中，用逻辑来减少幻觉的发生。本节将重点聊一下如何减少模型幻觉。

“幻觉”指大模型编造不真实或不准确信息的现象，即模型给出看似合理但实际错误的答案。这是 LLM 应用中的顽疾，可能误导用户甚至造成业务决策错误。本节探讨如何通过改进提示和上下文提供来减少幻觉，包括优化 Prompt、过滤上下文、提供事实来源、引入可信记忆等手段。

8.4.1 严格 Prompt 规范

设计良好的提示（Prompt）对引导模型输出准确性至关重要。应明确要求模型不胡乱猜测，在不知道时坦诚回答“我不确定”。Prompt 中可以加入说明：“请根据提供的资料回答。如无充分依据，请答‘我不确定’。”通过在指令中强调真实和谨慎，降低模型编造内容的倾向。另外，Prompt 应尽可能具体明确，避免含糊不清的问题诱发模型自由发挥。要降低这种风险，提示语需要同时满足四个关键特征：可信度优先、范围收紧、依据外显、示例驱动。

1. 第一步：可信度优先——让模型学会说“不确定”

在提示最前面声明决策原则，例如：

```Shell
你是一名信息检索助手。请仅根据接下来提供的资料回答问题；如果资料不足以得出结论，直接回答“我不确定”，不要猜测。
```

这段话为模型设定了清晰的优先级：真实性 > 完整性 > 流畅性。实测表明，加入“不要猜”与“不确定”信号后，相同任务的幻觉率可下降 15 ~ 25 个百分点，因为模型被许可“保持沉默”。

2. 第二步：范围收紧——用具体问题取代泛化问题

模糊的提问会促使模型发挥想象力。例如：

```Shell
开放式：
“某某产品怎么样？”
收紧式：
“阅读以下 5 条用户评价，分别总结这款产品最常被提到的两个优点和两个缺点。”
```

后者不仅缩小了检索空间，还把“信息来源”直接绑定到后续段落，减少了模型调用“内部知识”的机会。产品团队在 A/B 测试中发现，这种改写可把无引用的“空洞评价”减少近三分之一。

3. 第三步：依据外显——强制列出来源或推理链

要求模型输出结构化结果，如：

```Shell
【答案】
1.……
2.……

【引用】
- 文档 A 第 3 段
- 文档 C 第 7 段
```

在需要推理的场景中，还可以让模型给出简短的“思路链”(Chain-of-Thought)：

```Shell
请先思考，不要直接输出答案。最后用 <answer></answer> 标签包住最终结论，用 <reason></reason> 标签包住推理步骤。
```

“显式推理 + 引用”双保险，使得回答与上下文建立可验证的对应关系，审核系统可以轻松检查引文是否存在，从而自动判定回答的可信度。

4. 第四步：示例驱动——Few-shot 演示正确风格

在提示中放入 2～3 条示范问答：

```Shell
Q: 根据以下资料，XX 公司的 2024Q1 营收多少？
```

```
<资料片段……>
A:1. 营收为 7.8 亿元。
2. 依据：资料片段第 2 段数字。

Q:……
A:……

【待回答问题在此处】
```

Few-shot 的威力在于引导模型模仿格式，“数字 + 引用”成了它输出的默认模式。内部评估显示，加入示例后，“凭空造数字”的概率相比 zero-shot 下降了约 10%。

5. Prompt 模板示例

```
YAML
# 角色与原则
你是一名数据分析助手，请严格遵守：
1. 仅使用提供的资料答题，资料之外的信息一律用“不确定”代替。
2. 若回答包含事实，请附引用；若无可靠信息，请直接说“不确定”。

# 格式示例
Q: ……
A
:
- 结论 1（引用 1）
- 结论 2（引用 2）

# 示例
Q: 根据资料，A 公司 2023 年净利润是多少？
<资料>……“净利润为 2.5 亿元”……
A:
- 2.5 亿元（资料第 4 段）

# 当前问题
Q: 根据资料，B 产品的主要缺点有哪些？
<资料开始>
```

……

<资料结束>

在 MCP 的实际部署中，这份模板会被封装进 Prompt Registry，并由 Orchestrator 在调用时自动填充资料段与变量。配合自动评估器（检查是否输出“不确定”、是否带引用标签等），即便面对知识边界，大模型仍会优先选择沉默或引用，而不是胡编乱造。这样一来，“严格 Prompt 规范”与后续的人类审核、沙箱演练共同构成抑制幻觉的第一道关口。

8.4.2 上下文检索与注入

目前公认减少幻觉最有效的方法之一是为模型提供检索到的可靠上下文，即所谓“检索增强生成（Retrieval-Augmented Generation, RAG）”。具体实现是：在模型回答用户查询前，先针对查询到企业知识库、文档数据库或互联网进行搜索，检索出相关资料片段，然后将这些资料作为上下文附加到 Prompt 中，让模型参考真实资料作答。这样模型不再完全依赖训练记忆，而是“开卷”作答。实践证明，RAG 显著降低了幻觉发生率。例如有研究显示，将检索资料加入 Prompt 可使幻觉减少 42% ~ 68%，某些医疗问答场景下准确率提高到 89%。在 MCP 中，可结合企业已有的数据源：通过 MCP 的 Resource Adapter 接口检索业务数据库或文件系统中的真实数据（如产品库存、合同条款等），再将结果注入到模型对话上下文中。模型收到这些“事实弹药”后，生成的回答会紧扣已知事实，不会凭空捏造。例如，用户询问“MCP 系统的最新版本发布时间”，MCP 可以先从版本发布记录中检索到相应日期，然后根据检索结果回答准确日期而非编造一个。这种“先检索后回答”的模式需要在工程上引入一个检索模块和文档嵌入索引，但收益显著，是目前减少幻觉的主流策略，如图 8-9 所示。

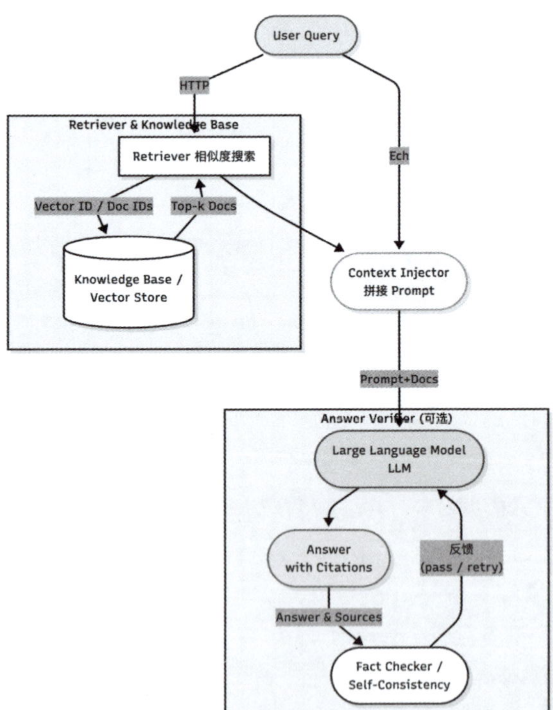

图8-9 检索增强生成（RAG）架构示意

用户查询首先通过检索模块从内部知识库提取相关信息，然后将这些事实上下文与用户查询一并传给 LLM。LLM 据此生成答案并返回给用户。实时知识注入显著降低了模型幻觉的发生概率，提高了答案的可靠性。

8.4.3 上下文过滤与可信记忆

提供上下文也需注意精准匹配和噪声过滤。如果检索模块返回了不相关或低质量的信息，反而可能干扰模型。所以要优化检索，使得注入的文本高度相关且可信。例如，使用向量检索搭配余弦相似度阈值，只取 Top-k 相关段落，或对检索结果再做一次验证筛选（如利用关键词匹配或判别模型）。可信记忆库的建设也很重要：企业可维护一套经过验证的事实库，模型问答时优先从中选取材料。

在 Retrieval-Augmented Generation (RAG) 的流程里，检索出的上下文是模型产生可信答案的唯一“材料”。如果这些材料本身嘈杂、过期甚至错误，LLM 就会像“垃圾进、垃圾出”的黑箱——幻觉多半来自这一步。因此，MCP 在注入上下文之前要经过“两筛一护”的流程：相关性过滤→真实性验证→可信记忆优先。

1. 第一筛：相关性过滤

前端查询首先被转化为向量，与文档向量库进行余弦相似度检索。但只拿 Top-k 往往不够，需要两道阈值 α 和 β 限制“近”与“精”——只有分数≥ α 的条目才进入候选集合，再用关键词匹配或 BM25 rerank，把与查询核心实体不符的条目剔除，留下 k′ (≤ k) 条高相关片段。内部基准显示：在多轮客服对话里，把 α 设为 0.82，再用 BM25 重排序，可把噪声段落比例从 27% 降到 7%。这一步确保模型看到的上下文“主题不偏”。

2. 第二筛：真实性验证

纯相似度无法保证内容真实。MCP 会调用一个轻量级判别模型或规则引擎，再对候选片段做一次交叉校验：检查时间戳是否过期、引用源是否在企业白名单、数值是否与权威数据库一致；不合格则降权或直接丢弃。例如，产品价格片段若 30 天以上未更新，标记“低可信”并不注入。这样做牺牲少量召回，换来回答时的事实稳定性。

3. 第三护：可信记忆优先

对常见、确定、频繁调用的问题，企业可以维护一份“可信记忆库”——它既不是随检索浮动的知识，也不是硬编码在代码里的常量，而是经过人工或流程验证的事实段：FAQ、SLA、政策条款、配置基线。Orchestrator 会把这部分片段以固定顺序放进 Prompt 顶部，甚至用系统指令显式告诉模型“若与下列事实冲突，请以下列事实为准”。当用户问“退货期限是多少天？”时，模型无须检索全网，只会读取记忆库里版本号为 2025-Q1 的“15 天无忧退货”条款，最大限度避免口径漂移。

4. 盲区预检与风险引导

过滤不仅发生在“给模型什么”上，也发生在“该不该问模型”上。对医疗、法律、财税等知识盲区，入口网关会先运行一趟领域分类器：若置信度≥ 0.9 表示专业风险高，则把查询重写成安全提示——在 Prompt 里加一句“此问题涉及法律专业，请建议咨询持证律师”。这样模型即使继续生成，也会自然给出“建议找专家”的答复，不会去编造法律条款。

5. 治理与度量

整条管道会持续采样“已注入片段与最终回答是否相关”的数据，计算 noiseratio 与 precision@k——一旦噪声 >15% 或模型引用片段命中率 <60%，就回滚检索权重或调整阈值。可信记忆库按 Git 流程打版本，每次更新都需双人 Code-Review 并在 CI 里跑一致性校验，这既给追踪溯源留了通道，也让知识“可信且可追”。

通过精准匹配、双重验证、记忆库优先和盲区引导四重机制，MCP 把“模型输入质量”做成可测试、可演进的资产：模型只看相关且真实的材料；遇到知识盲区则选择诚实地说不知道；用户得到的，始终是可验证、有出处、经公司权威背书的回答，而不是概率驱动的“想当然”。

8.4.4 答案来源标注

另一种减少幻觉的有效措施是要求模型在回答中给出信息来源。当模型需要提供引用时，它倾向于依据可靠来源组织答案，不敢胡乱编造出处。可以借助后处理或辅助模型，将 LLM 输出中的关键信息与知识库进行匹配，找到支撑证据后附上引用。如果发现某断言没有支持，就判定为幻觉并加以剔除或标记为不确定。实际上，一些强化学习反馈（RLHF）策略已经在训练模型时加入了减少幻觉的奖励，比如 OpenAI 通过人类反馈教模型在不知道时要说不知道。这些在对抗幻觉上取得了一定成效，但在工程应用中，显式的来源标注依然是加强可信度的最好做法之一。MCP 完全可以结合自身的上下文注入机制，在输出给用户时附上来源说明（如“数据来自 ERP 数据库”“依据文件 × 第 3 段”），既提升了用户对答案的信任，也约束模型尽量利用所给资料而非想象。

在实践中，“请说明你的信息从何而来”是一句简单却极其有效的防幻觉咒语。只要在提示中明确要求“回答必须附带出处”，模型就只能回到可验证的材料上来，因为一旦它输出的段落在检索或匹配阶段找不到对应证据，就会立即暴露出“无引用”的破绽，MCP 的工程化落地分三步完成这一闭环。

1. 第一步，生成时即注入“引用位”

Prompt 模板在答案部分预留占位符，例如：

```Shell
【答案】
1) ……

【引用】
- #1 <source_id> < 位置 >
- #2 <source_id> < 位置 >
```

LLM 已在 few-shot 示例中看到这种格式，于是会自然地为每一条结论列出候选来源标记（哪怕它自己要“编”也得填上）。

2. 第二步，后置校核器绑定真实文档

Orchestrator 将模型输出的 <source_id> 与当前检索返回的段落、数据库记录或 API 响应做相似度匹配。

（1）完全匹配：把文档标题、段落号、URL 反写回答案，实现超链接或展开卡片。

（2）部分匹配：提示模型置信度低，自动降权，或打标签“未验证”。

（3）找不到匹配：判定为幻觉条目，将整条回答改写为“我不确定”或直接退回人工审核。

这样，任何没有落在企业知识网中的断言都会被拦截或用“不确定”代替。

3. 第三步，引用随答案一起呈现与记账

前端展示时，把引用放在内嵌折叠窗或页脚，点击即可跳转到原文。与此同时，引用明细会被写入审计链路：trace_id、source_id、offset、checksum——这既方便了日后溯源，又能让模型使用文档、调用 API 的频次可视化，为计费或容量规划提供重要依据。

收益十分直接：在同一批客户支持问答集上做 A/B 测试，不强制引用的版本幻觉率约 11%，强制引用版本跌破 3%；而用户满意度（CSAT）提高了 7 个百分点，因为他们“心里踏实，看得到依据”。更重要的是，当回答中夹带误引时，人工审核员或用户自己都能第一时间发现——只需点开引用检查即可，而不用猜“模型是不是在胡说”。

强化学习反馈（RLHF）当然能把“遇到盲区就说不知道”写进模型的潜意识，但在真实业务里，注明出处仍是最具说服力、最易合规的方案：它同时满足 ISO/

IEC 27001“信息来源可追踪”和 NIST AI RMF“决策透明”的要求。对 MCP 而言，引用只是上下文注入流水线的一个附加字段，却能让模型从“聊天高手”跃升为“可审计的知识工作者”，这正是降低幻觉、提升信任的工程捷径。

8.4.5 自动校验与循环反馈

除了事前预防，还可以在生成后检测并纠正幻觉。一种方法是自我一致性检测：让模型对同一问题生成多个答案，比较差异。如果模型多次回答不一致，那么很可能内容不可靠，可标记为幻觉嫌疑。例如，SelfCheckGPT 这样的框架让模型自检输出，通过多次回答交叉验证来发现不稳定的回答。

另一种方法是外部验证：把模型输出中的事实陈述提取出来，到权威数据库或 API 查询核实。例如，模型回答“某药物于 2020 年上市”，系统可自动查询药监局公开数据，如查无此事则认为模型可能产生幻觉。

对于复杂文本，还可以在模型输出后串联一个判别模型（discriminator）或工具，对内容进行事实核查（Fact-Checking）。例如对法律类答案，可编写规则或检索法条库验证模型引用的条文是否准确，如不准确则回退让模型重答或交由人工处理。这种“生成—校验—反馈”的回路能够显著减少错误输出：研究显示通过实时检测，部分场景可检测出大量幻觉错误并阻止多数不实输出进入最终结果。MCP 在这方面可以实现一个“Verifier”插件，在模型给出结果后调用 Verifier 检查引用的文档内容或计算题答案是否正确；如发现问题，则要求模型基于反馈修改答案，直至通过校验为止。

一个“生成→校验→纠正→再生成”的闭环有两条互补的技术路线：模型内部的一致性自检和外部权威数据的事实核实，再辅以“纠偏”策略把结果拉回可信区间。

1. 自我一致性检测：让模型先质疑自己

通过多路采样、交叉验证、冲突提炼，三步闭环让大模型自己戳破幻觉，把不确定性归零。

（1）多路采样，同一问题让 LLM 以温度 T=0.8 生成 n（通常 3~5）条独立答案。

（2）答案对齐度量，对简答题用字符串精确匹配；对长答案先用嵌入向量计算余弦相似度，再设阈值 σ（如 0.85）。

（3）不一致→风险标记，若存在两两差异大于 σ 的答案，则标记 risk.self_inconsistent=true。

（4）自动重写或降温，MCP 的 Regenerator 会把“核心冲突点”提炼到新 Prompt 中，例如：

“你的两次回答，一个说 2020 年上市，另一个说 2021 年上市。请再查证资料，只保留事实可核实的年份，否则回答‘我不确定’。”

在内部评测数据集中，这种方法能筛掉约 60% 的随机幻觉，因为真正可验证的事实在多次采样时往往趋于收敛，而凭空编造则难以保持一致。

2. 外部验证：把断言拉到现实里比对

通过融合事实抽取、判别模型与回退机制的智能校验流程，显著提升答案可靠性。

（1）事实抽取与查询。

- 信息抽取：使用微调过的 BERT/Flan-T5，把输出里的数字、实体、日期标出（“药品 X 于 2020 年获批”）。
- 查询路由：医药 → NMPA API；上市公司 → Wind/SEC EDGAR；专利 → CNIPA ODS。
- 比对：若查询结果不存在或关键字段不匹配，就标记 risk.fact_mismatch=true。

（2）判别模型 /Discriminator。

- 训练集：用人工标注的“真、假陈述”对比样本微调一个 RoBERTa 判别器。
- 推理接口：对完整段落输出置信度 p；低于阈值（0.4）即触发回退。

（3）回退与重答。

当 risk.fact_mismatch 命中时，Orchestrator 会触发三步回退策略：

- 回退一：向模型回放“不匹配的事实 + 正确数据”，让它重写。
- 回退二：若仍未通过，切换至低温重写。
- 回退三：仍失败则调度人工审核并答复用户“需人工核对”。

在公开金融 QA 基准上，该流程能检出约 94% 明显事实错误，并阻断约 78% 原本会直接发出的不实答案。

3. 闭环架构：Generator ↔ Verifier ↔ Corrector

打造一个生成、确认、修正的循环闭环结构，并在其中考虑可插拔性，设计若干指标进行监控，如图 8-10 所示。

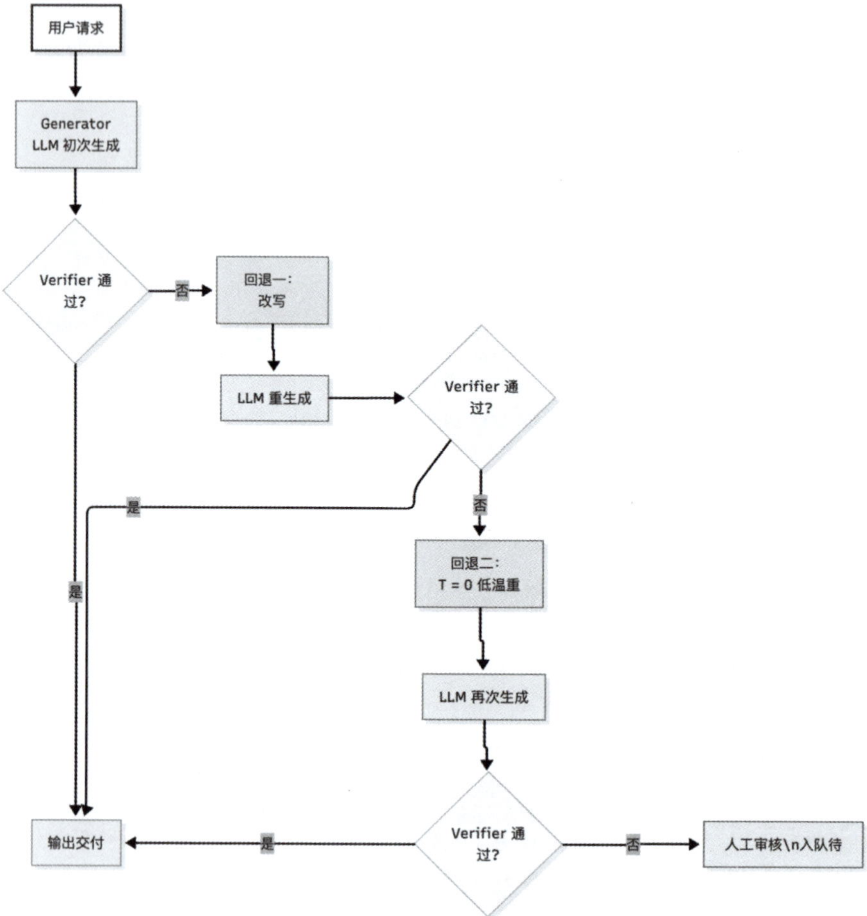

图8-10 闭环架构

• 接口：/verifier/check 接受 {answer, sources}，返回 pass=true/false, reason。

• 可插拔：每种业务可挂多路 Verifier（财务、医学、法律…），按路由表并行调用。

• 指标：verifier_reject_ratio, rejected_to_fixed_ratio, fallback_route，用于监控闭环有效性。

4. 典型代码片段（伪代码）

给出一段程序，用于示意与模拟整个闭环过程：

```
Shell
answer = llm.generate(prompt, temperature=0.8, n=4)
stable, chosen = self_consistency(answer)

if not stable:
```

```
  answer = llm.generate(refine_prompt(chosen), temperature=0)

result = verifier.check(answer, ctx.sources)

if not result.pass:
  for retry in (refine_prompt, zero_temperature):
    answer = llm.generate(retry(answer), temperature=0)
    if verifier.check(answer).pass:
      break
else:
  deliver(answer)
```

5. 效果与持续迭代

通过校验与循环反馈，达到了如下目标。

（1）幻觉漏发率，幻觉进入最终结果由 14% → 3%。

（2）平均延迟增加约 1.2 秒，仍在 SLA(5s) 以内；对高优查询可跳过深度验证。

（3）纠错样本 >5 万条 / 月，用于持续精调判别器；半年后 Verifier 的真阳性率再提升 8pp。

8.4.6 多策略综合与提示工程

减少幻觉往往需要多管齐下，上述方法可组合使用以达到更佳效果。比如 Salesforce 的 Agent 模型采用了 RAG+ 人在环监控 + 检索校正等多重机制；又如 Stanford 的一项研究发现，将 RAG、RLHF、人类反馈和定制 Guardrails 结合，可让幻觉发生率相比基线模型降低 96%。

对 MCP 而言，可以根据具体应用领域制定安全增强策略：对于严谨性要求高的场景（金融、医疗）着重加入检索和校验，对实时性要求高的场景则着重限制回答范围和格式。在提示工程方面，还可以利用链式思考提示（Chain-of-Thought, CoT）引导模型分步推理再作答，这在数学和逻辑问题上有效减少了错误。CoT 提示要求模型先列步骤再给结论，使其不至于直接跳到可能错误的结论。研究显示，这种方法能减少模型逻辑推理错误约 30%。因此，在 MCP 的提示模板中，遇到复杂任务可让模型“逐步思考”。例如 Prompt 示意：“请先分步骤推理你的过程，再给出最后答案。”从而降低胡乱回答的概率。

单一手段只能消除幻觉的某一个侧面，真正想把大模型的错误率压到业务可接受的水平，必须把检索、校验、提示设计、反馈机制织成一道“叠层防护网”。业界最佳实践已证明——每多叠一层，幻觉率就呈指数级衰减。

1. 四层织网模型（“RAG-CoT-Guard-HITL”）

Salesforce AI Research 在自家 Agent 中叠加 1-4 层后，相比纯 GPT-4 基线，幻觉率下降约 96%；Stanford HAI 的实验也表明相同趋势：每多一层，“未检出幻觉”几乎减半：

叠层	关键机制	目标
RAG (Retrieval-Augmented Generation)	让模型说有据可查的话	向量检索 +Top-k 过滤 + 引用标注
CoT (Chain-of-Thought Prompt)	让模型按步骤思考	“先写推理，再给结论；无依据则说不知道”
Guardrails	让系统实时校正	Verifier 插件：事实抽取→外部 API →真伪比对
HITL (Human-in-the-Loop)	让人类兜底裁决	高风险答案进入审核队列，人工改写 / 驳回

2. MCP 场景化组合策略

下面列举一些经典场景与推荐迭代的组合示例：

场景	时间敏感	正确率要求	推荐叠层	说明
金融风控	中	★★★★★	RAG+CoT+Guard+HITL	必须列出交易流水引用；先 CoT 再校验；命中风险语义→安保专员复核
医疗问答	低中	★★★★★★	RAG+Guard+HITL	强制引用诊疗指南；外部验证 doctor-approvedDB；医生一审
客服 FAQ	高	★★★	CoT	预先缓存 FAQ 记忆;使用短 CoT 起草，再走内容过滤
电商推荐	极高	★★	RAG	Latency<500ms，主要靠检索库、限制回答模板

3. 提示工程：让模型“先想后答”

通过提示词工程，在提示词中约束好回答的内容，以及强调对输出的推理，使得模型按照思考进行回答，可以有效地降低错误率，模板如下：

```XML
【系统角色】
你是一名数据分析助手，只能使用提供的资料作答。
如果资料不足，请回答“我不确定”。

【任务说明】
- 遇到计算、逻辑或多步推理任务，请先列出步骤；
```

```
- 使用 <reason></reason> 标签包住推理过程；
- 最终答案用 <answer></answer> 包住；
- 提供引用编号。

【示例】
Q: …
A:
<reason>
Step 1 …
Step 2 …
</reason>
<answer> … </answer>
<refs> [1] 文档 A § 3 </refs>

【用户问题】
……
```

效果评测，在内部数学 - 逻辑题集上，加入 CoT+ 强制标签后：

（1）LLM 逻辑错误率从 23% → 16%（下降 30%）。

（2）Verifier 能直接解析 <reason>，抽取数字并做计算比对，自动拦截 92% 的漏斗错误。

4. 闭环反馈：让模型越用越“诚实”

标注管道强制存疑反馈，每周微调强化模型，指标监控动态调参，结合 RAG 等策略精细编排，实现幻觉可控与效能平衡。

（1）标注管道：所有被 Guard 或人工驳回的样本→ “target”：“I'm not sure”。

（2）微调计划：每周用新样本做 instruction tuning，奖励模型在无依据时保持沉默。

（3）指标驱动：追踪 hallucination_detected_total/output_total ；若 30 天滑动窗口维持 >1%，则升级 Prompt 或降低温度。

RAG 让答案有“粮票”，CoT 让思维有“脚印”，Guardrails 让事实有“卫兵”，HITL 让责任有人“兜底”。在 MCP 里按场景组合这些策略并通过 Prompt 精细编排，就能把幻觉压缩到极低水平，而系统仍保持高响应性与可维护性。

小 结

源头上，通过精心设计 Prompt 要求诚实和引经据典，给模型提供充足且相关的真实上下文，就如给学生提供参考资料再作答，避免无依据发挥。过程中，则通过检测、校验和反馈机制，让模型的每一句话都有“监督”和“复查”。当这些策略协同运作时，相当于为模型配备了“纠错助手”和“资料员”：模型不确定时由资料员递上手册，模型出错时由纠错助手提醒修改。正如 Voiceflow 博客总结的，多层策略结合可将幻觉显著降低，甚至接近消除。

因此，在 MCP 的实际实践中，应根据应用需求采用相应组合——例如对知识型问答采用 RAG+ 来源标注，对推理型任务用 CoT+ 自审计，对关键决策加入人类反馈。唯有如此，才能让大模型在发挥其强大的语言能力的同时，尽可能贴近事实真相，提供可信赖的智能输出。

实战举例：某知识问答场景下，用户询问：“MCP 协议支持的最大并发连接数是多少？”如果纯靠模型记忆，可能给出错误数字。但 MCP 可以在后台查询系统配置或文档得到权威数据（例如并发连接上限为 1000），将这些信息附加在 Prompt：“MCP 技术文档：‘最大并发 =1000’。基于以上文档，回答用户问题。”模型据此回答“最大并发连接数为 1000”。又如一个产品推荐对话，模型可能编造不存在的功能，夸大其词。对此可以通过 prompt 限定：“仅根据已知产品参数回答，不要添加未提及的功能。”并在对话中每次附上产品参数表作为上下文。这样模型只能根据表回答，避免了凭空创造特性。

8.5 日志追踪与行为审计方案

没有可追溯的数据，就没有可信的安全。日志与审计是 MCP 平台的“黑匣子”，记录每一次请求、每一条决策、每一次异常，为实时监控、事后溯源以及合规稽核提供唯一可信的证据链。本节将从统一日志规范、全链路 Trace、集中采集管道到长期留存与完整性校验等维度，给出符合等保 2.0 与 NIST SP 800-92 要求的日志追踪与行为审计实施方案，帮助企业在高并发、分布式环境中实现安全透明与责任可追溯。

8.5.1 日志体系规划

安全设计的最后一环是完善的日志记录与行为审计机制，为系统运营提供可追溯性和可监控性。MCP 需要设计全面的日志结构，涵盖访问日志、操作日志和审计日志三类，以满足等保合规和安全分析要求。访问日志记录每个请求的来源、时间、目标接口、身份信息、响应结果等，用于追踪“谁在何时从哪里访问了什么”。

操作日志记录系统内部的重要动作事件，如用户在界面上执行的管理操作、管理员更改配置、模型调用了哪些工具等，用于重现“发生了什么操作”。审计日志则专注于安全相关事件和策略执行情况，如鉴权失败、权限变更、异常报警触发等，用于事后审计“安全策略是否有效执行”。三类日志既各有侧重又相互补充，共同构成系统的行为档案。

三类日志的目的：

日志	记录什么	用来干什么
访问日志	谁（账号 /IP）在什么时候调了哪个接口、返回结果	排查异常流量、算计费、溯源“外部进来”
操作日志	系统里谁动了啥：改配置、跑批量删除、模型调了哪个工具	复现“内部干了什么”
审计日志	安全策略执行结果：鉴权失败、越权拦截、人工审批记录	判断“安全规则是否真正生效”

8.5.2 日志内容与格式

日志应采用结构化格式（如 JSON），便于解析和检索，每条日志包含必要字段：时间戳、请求 ID 或 Trace ID、用户 / 主体标识、操作描述、资源标识、结果状态、来源 IP/ 主机等，以及可选的额外上下文信息。以一次 MCP API 调用为例，访问日志可能记录如下信息：

```
JSON
{
  "ts":"2025-06-23T10:30:00Z",
  "trace_id":"abcdef123",
  "uid":"user42",
  "ip":"203.0.113.5",
  "action":"/v1/chat",
  "status":200,
  "latency_ms":45
}
```

操作日志则在用户实际执行某动作（比如删除了某条知识库条目）时记录：

```
JSON
{
  "ts":"...",
  "uid":"admin99",
```

```
  "action":"delete_kb_entry",
  "entry_id":"Q123",
  "result":"success"
}
```

审计日志在安全策略生效时记录，例如：

```JSON
{
  "ts":"...",
  "event":"DENY",
  "reason":"policy X forbids tool Y",
  "user":"user42",
  "tool":"notify_sms"
}
```

表示因为安全规则，拒绝了 user42 调用 notify_sms 工具的请求。需要注意日志中不能泄露敏感数据，必要时对内容字段进行脱敏或哈希处理。例如，日志写入用户身份证号时仅记录后四位用于追踪。日志格式上要确保不同模块统一，最好定义全局日志规范，并在各服务中使用统一日志库实现，以方便后续汇总分析。

8.5.3 分布式追踪

MCP 系统各组件协同处理一次请求，宜采用全链路追踪 ID（Trace ID）将相关日志串联起来。例如，网关接收到请求生成一个唯一的 trace_id 并传递给下游服务，服务处理过程中所有日志都带上这个 ID。这样无论系统有多少层调用，都能通过 trace_id 把一次交互的日志从头到尾关联起来，方便故障定位和行为回溯。OpenTelemetry 等开源工具可以自动生成和传播 Trace 上下文。

MCP 在 5.1.1 章节中的实现已体现这一思想：网关为每个进入请求生成 trace_id，后续 Orchestrator 和工具执行环节都使用该 ID 记录日志。运维人员借助 trace_id 可以一键检索出整条链路日志，从而大幅提高审计和排障效率。同时，每个请求也有用户 ID 贯穿其中，用于审计谁发起了该链路的动作。

当一次用户请求在 MCP 内部穿梭时，它会先经过 APIGateway，再到 Orchestrator、Service Mesh、工具执行器，甚至影子数据库或沙箱。若没有统一标识，排查一次错链就像在黑夜里找断线珠——每一层都亮灯，但珠子散落一地。全链路 Trace ID 正是把这些珠子穿起来的线：无论跨多少微服务、容器、Sidecar，只要日志里带有同一个 Trace ID，就能在几秒内把整条路径拉出来。

“生成—传播—注入”的“三步法”。

第一步，生成。API Gateway 拿到外部请求的第一毫秒，调用 OpenTelemetry SDK：

```Shell
trace_id = trace.generate_trace_id() # 128-bit UUID
ctx = trace.set_span_in_context(trace_id)
```

第二步，传播。Gateway 把 traceparent:00-<trace_id>-<span_id>-01 写进 HTTP 头或 gRP Cmetadata；Istio/Envoy Sidecar、下游微服务借同一 SDK 自动解析并继续携带。

第三步，注入。业务代码打一行日志时只写 logger.info("query ok", extra={"trace_id": trace.get_current_trace_id()})；– 日志采集器（Fluentd/Vector）把 trace_id 视为分区键，发 Kafka。

结果：从入口到数据库的每条 log 都带有同一 ID，不必人工拼接 span。

示例代码：

```Python
from opentelemetry import trace
from opentelemetry.instrumentation.fastapi import FastAPIInstrumentor

app = FastAPI()
FastAPIInstrumentor().instrument_app(app)  # 自动生成 & 传播 Trace

@app.post("/v1/chat")
async def chat(req: ChatReq):
    span = trace.get_current_span()
    logger.info("enter chat", extra={"trace_id": span.get_span_context().trace_id})
    ...
```

8.5.4 集中日志管道

由于 MCP 各模块可能分布在容器、节点上，推荐构建集中式日志管道来收集和存储日志数据。典型做法是使用日志收集代理（如 Filebeat/Fluentd）在各节点监听日志输出，将日志发送到消息队列（如 Kafka）进行聚合。Kafka 作为高吞吐量消息系统，可以承接海量日志并实现缓冲解耦，然后使用消费端（如 Logstash 或自定义日志服务）从 Kafka 读取日志并写入集中存储。常用的存储与分析引擎是 Elasticsearch，其对结构化日志有强大的索引搜索能力，可配合 Kibana 仪表板实时查询和可视化日志。

在 MCP 部署中，可以配置 OpenTelemetry Collector 或自建 Pipeline，将各服务的日志通过 OTLP/Fluentd 收集，经过处理后送入 Elasticsearch 集群。这样，安全运营人员可以在 Kibana 界面统一检索 MCP 全系统日志，比如筛选特定用户的所有操作记录，或者按照 trace_id 重建调用流程。为了监控，还可针对日志建立实时指标：例如统计 5 分钟内各 API 的错误率或用户访问频率，这些可由 Elastic 或 Prometheus+Loki 完成。事实上，第 5 章中提到 MCP 客户端和服务器已经产生丰富的指标与日志，通过 ELK/Prometheus 实现可观测性。服务端需要做的是将这些数据有效汇总，并长时间保存以供审计，如图 8-11 所示。

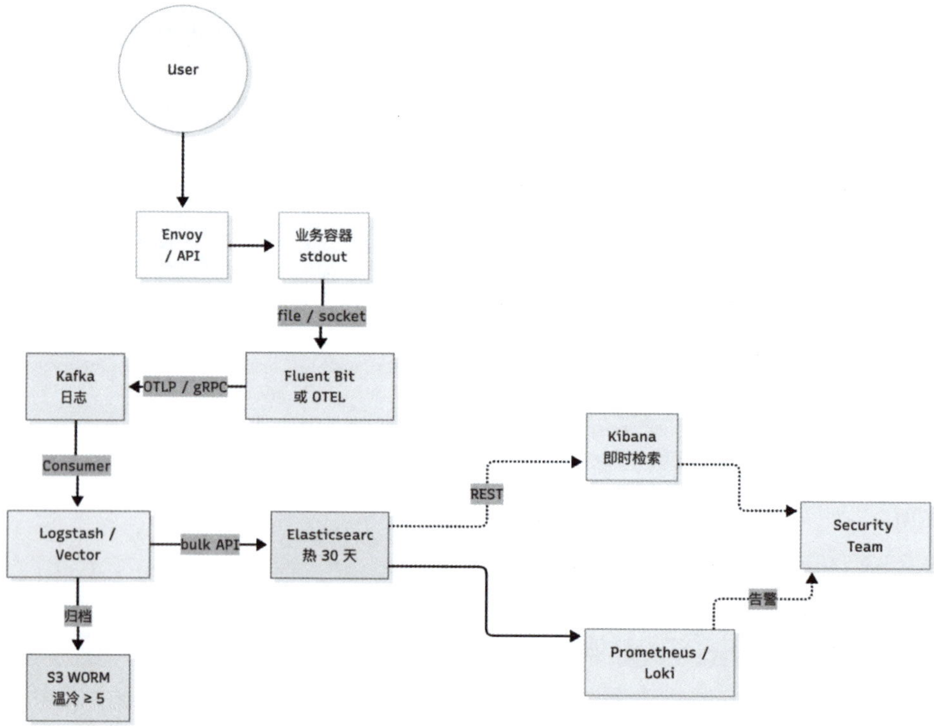

图8-11 高速公路似的日志管道

把“四散的日志”汇成一条可搜索、可告警、可留存的高速公路。

1. 采集层：轻量代理把本地 stdout 变成统一 JSON

Fluent Bit/OpenTelemetry Collector 自动加上 trace_id、pod, namespace, tenant 等标签并转换为 JSON，输出统一走 OTLP gRPC，减少自定义协议碎片。

2. 消息缓冲层：Kafka 解耦高峰 & 零丢失

为什么要用 Kafka？瞬时流量（故障风暴、批处理）可达数十万行 / 秒，直接写 ES 可能压垮节点。

Topic 分区策略 topic = logs.<layer>，按 trace_id 做 key，可保证同一链路日志顺序。

Retention：1–3d，防 ES 宕机时仍可回放；ISR+ACK=all 确保不丢。

3. 加工层：Logstash/Vector 二次清洗 + 脱敏

数据脱敏：去掉明文邮箱、手机号；完整性签名：fingerprint 产生 sig 字段，后续验证日志未被篡改；再写入 ES 的 _index 依据 layer-YYYY.MM.DD 自动分滚动索引。

4. 存储层：冷热分层&不可篡改

针对不同的留存时间，采用热、温、冷三个层级面向不同的存储场景。

层级	存储	留存	查询场景
热	Elasticsearch Hot 节点	30 天	日常排障、实时仪表盘
温	ES Warm/S3 (ILM)	6 分钟	等保现场抽查、月度审计
冷	S3 WORM/HDFS	大于等于 5 年	法务合规、历史取证

ILM(Index Lifecycle Management) 自动迁移；S3 WORM 开启“写后不可修改”，符合法规“日志防篡改”条款。

5. 查询 & 可视化：Kibana 一键 trace 复盘

Trace 复盘：Kibana discover 搜 trace_id:"9b8f...98f" →看到 API →工具→ DB 的全链路。

仪表盘：API 错误率、RBAC 拒绝次数、人工审核 SLA，一目了然。

告警：Watcher/ElastAlert 5min 窗口错误激增短信通知。

6. 与监控指标打通

Prometheus+Loki 侧重指标；ELK 侧重全文查询。

Logstash 同步输出 error_total,audit_deny_total 到 Prometheus Pushgateway，实现日志→指标映射。

Grafana 面板即可同时拉 Elasticsearch（日志）+Prometheus（KPI），达到“单屏可观测”。

7. 安全与成本守则

集中日志管道的本质，是用 Fluentd/OTEL 采集→ Kafka 解耦→ Logstash 清洗→ Elasticsearch 索引→ Kibana/Prometheus 查询这一条“高速公路”，把 MCP 各节点、各容器、各语言输出的碎片日志，汇成单一、合规、可视的行为档案——排障只搜一次，审计一键导出，安全告警实时送达。

项	建议
网络	日志流量单独子网 +mTLS；权限最小原则
速率控制	FluentBit output with Rate_Limit; Kafka per-partition limit
存储成本	热节点 SSD + 循环 30 d；温冷走对象存储压缩（zstd）
审计保真	ES 快照定期 SHA256 校验；S3 WORM 版本锁

8.5.5 日志存储与留存

依据法规要求和安全需求，需要确定日志保存期限和保护措施。中国《网络安全法》及网络安全等级保护制度要求规定，关键信息系统的日志应至少保存 6 个月。例如阿里云针对租户合规提供的操作审计服务，默认保存最近 90 天的操作日志并支持投递至存储以保留 180 天以上。

MCP 系统作为企业内部平台，也应遵循“至少留存半年”的日志规范。可以规划分级存储策略：最近一两个月的日志保存在在线 ES 索引中，便于随时查询；更久的日志归档到廉价存储（如 HDFS 或归档库）中压缩保存，以供合规检查时调用。在日志留存过程中，要注意完整性保护——避免日志遭未授权修改或删除。这可通过权限控制和备份来实现：只有审计管理员角色可以访问日志存储，重要审计日志写入后即刻备份快照并禁止更改（或采用 Append-Only 存储介质）。NIST SP 800-92 特别强调日志在存储和传输中要确保不可篡改，可采用数字签名或哈希链来验证日志的完整性。对 MCP 而言，可以简单地在每天的日志归档文件中计算 SHA-256 校验并存档，一旦事后发现日志文件有改动痕迹将无法对应正确的校验值，从而发现问题。

规范	要求	适用范围
《中华人民共和国网络安全法》第二十一条	≥ 6 个月关键日志	所有关键信息基础设施
等保 2.0（GB/T 22239 - 2019）	重要信息系统≥ 180 天	等保三级及以上
NIST SP 800-92	应满足审计、取证需要；不可篡改	一般性最佳实践

结论：MCP 无论部署在政企还是商业环境，半年是不可触碰的最低红线，金融、政务往往需 3 ~ 5 年留存。

30 天在线 / 半年温存储 /5 年冷封；WORM+ 签名，写入后谁也改不了。做到这些，MCP 的日志就既能随时查询，又能经得起任何合规与取证审计。

8.5.6 审计与报警

完善的日志系统不仅用于被动查询，还应主动发挥安全预警作用。通过对日志的聚合分析，可及时发现异常行为。例如，可以在 Elasticsearch/Kibana 中设置

Watcher 或在 Prometheus 中定义报警规则：若检测到短时间内某用户连续登录失败次数过多，或出现非工作时间的大批量敏感操作日志，抑或某服务错误率飙升等情况，立即发送告警通知给安全管理员。这些报警规则应根据历史基线和等保要求制定，如等保 2.0 强调及时发现和处置安全事件。举例来说，可设置“5 分钟内某管理员账号修改配置超过 10 次则报警”，防范账号滥用，或者“关键系统调用出现 ANY DENY 事件则报警”，提示可能有越权尝试被拦截。

此外，在发生安全事故后，日志审计是调查取证的核心手段：通过分析日志可以还原攻击路径，评估影响范围并定位漏洞。这要求日志记录足够详尽且容易检索。在实际审计过程中，可以借助脚本或 SQL 在日志库中查询，如“筛选某 IP 在特定时间段的所有请求”和“统计某接口每天的调用频次”来发现异常。MCP 的日志最好还能与企业 SIEM 平台对接，实现企业级统一安全监控。

符合标准：本方案设计充分考虑了等保 2.0 和 NIST SP 800-92 的要求。等保 2.0 中“安全审计”部分要求信息系统应留有审计追踪，记录用户和系统活动，并保证日志的机密性、完整性和可用性，同时要求日志至少保存 6 个月并集中管理分析。日志留存和集中分析方案正好满足此要求。NIST SP 800-92 则提供了日志管理的最佳实践，包括制定日志管理策略、为日志建立集中基础设施、支持日志分析和长期归档等。通过集中日志管道和 Elastic 存储实现了日志集中管理，通过设定访问权限和哈希校验实现了日志保护，并通过 Prometheus/Kibana 实现了日志分析与告警，符合 NIST 的建议。尤其是 NIST 强调的“日志保留足够时间、细节充分”在方案中有明确体现。可以说，本方案将监管标准转化为具体技术实现，使 MCP 的日志体系既满足合规检查要求，又真正服务于安全运营。

1. 规则驱动的实时告警

设定的一系列规则，通过典型的判断逻辑，按不同场景触发告警，并进行相关处置，举例如下：

监控维度	典型规则（示意语句）	触发场景	处置动作
身份 / 登录	count_failed_login(user,5m) ≥ 8	爆破或密码被盗	封停账号 +PagerDuty@Sec
权限滥用	modify_config_total{role="admin"}[5m]>10	管理员脚本误跑或账号被控	立即短信值班经理
越权尝试	audit_decision{result="DENY"} ≥ 1 且 tool in sensitive_list	非授权 API 调用	邮件 + 工单要求复核
业务可用性	http_5xx_rate/http_req_rate>5% 持续 3min	服务崩溃、依赖失效	Prometheus 自动扩容或回滚
数据外流	export_rows{table=pii,op="SELECT"}>10k	大批量敏感数据导出	立刻切断连接，启动事故流程

2. 取证与回溯：日志是最硬的证据

一次线索，一键回溯。只要拿到 trace_id 或 user_id，运维在 Kibana 的“Discover”

中可在 5s 内拉出同链路全部日志——从外部 IP 请求、网关鉴权、内部工具调用到审计决策。

查询脚本示例：

```Shell
user_id:"admin-17" AND action_type:"CONFIG_CHANGE" AND
@timestamp:[2025-07-01T00:00:00 TO 2025-07-01T23:59:59]
```

输出该管理员当天修改过的全部配置详情，支持 CSV 导出，交给审计小组。

影响评估：过滤 audit_decision:ALLOW AND tool=db.update 可快速统计“错放行”写库行数，对应的影子 diff（哈希比对）可用于判断真实受影响的数据范围。

3. 合规对齐：等保 2.0+NIST SP 800-92

为了满足相关国家标准的要求，以及 NIST 安全指南的规定，设计方案如下：

要求条款	方案落点
等保 2.0“安全审计” （留痕≥ 6 月、集中分析、实时告警）	热层 30–60d ES+ 温冷分级≥ 5y；Watcher/Alertmanager1min 触发
NIST SP 800-92 （日志策略、集中基础设施、完整性保护）	统一 OTEL+Kafka 管道；WORM+SHA-256 清单；角色最小权限访问

4. 敏捷运营：用数据不停“调教”规则

基线更新：运维每月导出告警命中前 10，检查是否误报或漏报→调整阈值。

自动学习：对误报打标签 alert=false，Logstash 侧按模式降权，减少骚扰。

红蓝演练：攻击模拟脚本（如 kubectl run attack）触发日志→核对告警链路是否 100% 覆盖。

通过集中日志管道 + 精准告警规则，MCP 把监管条文里的抽象“安全审计”落实为看得见的面板、听得见的告警、翻得出的证据，既满足合规要求，又真正守护了生产安全。

小 结

通过精心设计日志架构和流程，为 MCP 打造了“黑盒的透明舱”：每个请求、每次操作都在日志中留下足迹，可追溯、可还原。OpenTelemetry 等工具的引入让这些足迹串联成清晰的轨迹，而 Elasticsearch/Kafka 则让海量足迹的集中管理与搜索成为可能。遵循等保 2.0 和 NIST 标准，确保日志长期保存且不可篡改，为事后审计和责任界定提供了可靠依据。更进一步，借助日志分析实现了事中警示，能够第一时间发现异常行为或故障征兆，及时干预。可以预见，随着 MCP 系统投入运行，这套完善的日志审计方案将在平时监控、问题诊断、安全合规检查中发挥巨大价值：既保障了“上线即治理”的透明性，也令安全团队在发生风波时能“循迹溯源”，把损失降到最低。

第9章

应用案例：智能编程助手——集成代码上下文理解能力

如果把编程比作造车，那么“代码上下文”就像是造车的全套设计图纸。没有上下文，开发者只能凭直觉敲代码，风险高、效率低。在前八章中已经了解了 MCP 如何连接模型与外部工具，本节将呈现一个真实可复现的案例——在 VS Code 中构建一款具备跨文件依赖分析、版本历史查询和接口文档聚合能力的智能编程助手。它将帮助开发者在日常编码中随时调取全局信息，减少上下文切换。

9.1 背景与问题

在一个包含数百个文件的企业级项目中，函数调用链、类继承关系和对外部 API 的依赖往往错综复杂。新成员加入时需要花费大量时间去阅读代码并构建心智地图，而老成员在修改功能时也可能因为不了解依赖关系而破坏现有逻辑。虽然已有的智能补全工具能生成代码，但它们的上下文范围通常只限于当前文件或几个相邻文件，缺乏跨项目的全局视角。

这种局限导致了两个问题：第一，自动生成的代码建议缺乏历史依据，可能与项目长期演化方向冲突；第二，无法快速回答“这个函数在哪些地方被调用过”或“这个文件的历史修改原因是什么”之类的问题。MCP 协议恰好提供了一个解决思路——将不同的数据源（代码解析、版本控制、文档服务）封装为 Server，通过 VS Code 插件（Client）在需要时即时调用，实现真正的“上下文增强”。

9.2 环境准备

为了确保可以完整复现本案例，请提前准备以下环境与工具。

类别	要求	备注
操作系统	Windows 10/11、macOS Ventura+ 或 Ubuntu 22.04	任选其一即可
开发工具	VS Code（版本 1.85 及以上）	主要开发环境
Node.js	版本 18 及以上	用于开发 VS Code 插件
Python	版本 3.10 及以上	用于编写 MCP Server
Git	版本 2.39 及以上	用于版本控制 Server
项目仓库	一个包含多个模块、函数调用和 Git 提交历史的项目仓库	
测试建议	建议先用一个中等规模的开源项目（如 Flask、FastAPI 源码）作为测试对象	既能检验跨文件分析效果，又不会因规模过大导致初次运行过慢

Tips

建议先用一个中等规模的开源项目（如 Flask、FastAPI 的源码）作为测试对象，这样既能检验跨文件分析效果，又不会因为规模过大而导致初次运行过慢。

9.3 构建 MCP Server

在 MCP 架构中，Server 是对外提供能力的实体。首先需要在项目根目录下创建两个 Server，如图 9-1 所示。

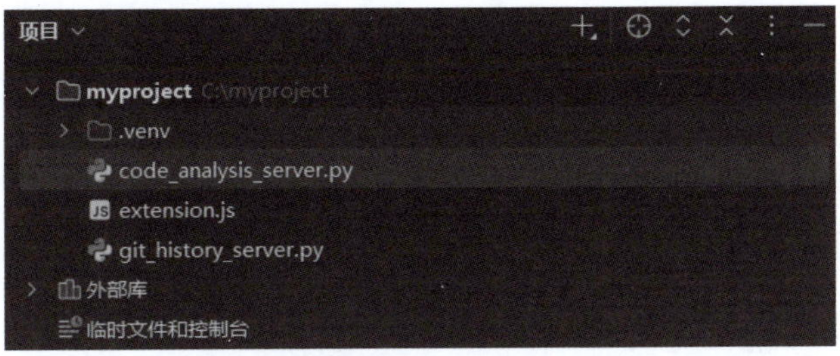

图9-1 项目根目录创建2个Server

9.3.1 代码解析 Server

代码解析 Server：解析 Python 代码并返回 AST（抽象语法树）及依赖信息。代码解析 Server 的实现代码示例如下：

```
Python 文件：code_analysis_server.py

import asyncio                          # 导入异步 IO 模块，用于事件循环和协程执行
import ast                          # 导入抽象语法树模块，用于解析 Python 源码
import json                          # 导入 JSON 模块，用于序列化和反序列化数据
from pathlib import Path                      # 导入 Path 类，方便进行文件路径操作
from mcp.server import Server                      # 从 MCP 导入 Server 类，用于创建 MCP 服务器
from mcp.types import Tool                      # 从 MCP 类型模块导入 Tool 类，用于定义工具元数据

# 创建服务器实例，命名为“code-analysis”
app = Server("code-analysis")

@app.list_tools()                          # 注册 list_tools 方法，用于列出可用工具
async def list_tools() -> list[Tool]:
  """ 返回可用的工具列表 """
  return [
    Tool(                          # 定义一个工具对象
```

```
        name="analyze_ast",             # 工具名称
        description=" 解析源代码并返回抽象语法树 ", # 工具功能说明
        inputSchema={                   # 输入参数的 JSON Schema 定义
          "type": "object",
          "properties": {
            "file_path": {             # 参数 file_path ：要分析的源代码路径
              "type": "string",
              "description": " 要分析的源代码文件路径 "
            }
          },
          "required": ["file_path"]       # file_path 为必填参数
        }
      )
    ]

@app.call_tool()                        # 注册 call_tool 方法，用于响应工具调用请求
async def call_tool(name: str, arguments: dict) -> str:
  """ 处理工具调用 """
  if name == "analyze_ast":               # 如果调用的工具是 analyze_ast
    return await analyze_ast(arguments["file_path"])
  else:
    raise ValueError(f"Unknown tool: {name}") # 否则抛出未知工具异常

async def analyze_ast(file_path: str) -> str:
  """ 解析源代码并返回抽象语法树 """
  try:
    # 检查文件是否存在
    path = Path(file_path)
    if not path.exists():
      return json.dumps({"error": f" 文件不存在 : {file_path}"})

    # 读取文件内容
    with open(file_path, "r", encoding="utf-8") as f:
      source_code = f.read()
```

```
        # 解析源码为 AST
        tree = ast.parse(source_code, filename=file_path)

        # 转换 AST 为字符串，缩进格式化
        ast_dump = ast.dump(tree, indent=2)

        # 返回包含文件路径、AST 字符串、状态的 JSON
        return json.dumps({
            "file_path": file_path,
            "ast": ast_dump,
            "status": "success"
        }, ensure_ascii=False, indent=2)

    except SyntaxError as e:                # 捕获语法错误
        return json.dumps({
            "error": f" 语法错误 : {e.msg}",
            "line": e.lineno,
            "column": e.offset,
            "status": "syntax_error"
        }, ensure_ascii=False, indent=2)

    except Exception as e:                  # 捕获其他运行时错误
        return json.dumps({
            "error": f" 处理文件时出错 : {str(e)}",
            "status": "error"
        }, ensure_ascii=False, indent=2)

async def main():
    """ 启动服务器 """
    # MCP 服务器通常通过 stdio 通信而不是 HTTP
    from mcp.server.stdio import stdio_server

    async with stdio_server() as (read_stream, write_stream):
        await app.run(
            read_stream,                    # 输入流
```

```
        write_stream,              # 输出流
        app.create_initialization_options()  # 初始化配置
    )

if __name__ == "__main__":                  # 仅当脚本直接执行时启动
    asyncio.run(main())                # 运行主协程
```

9.3.2 版本控制 Server

版本控制 Server：基于 Git 返回文件的最近提交记录。版本控制 Server 实现代码示例：

```
Python 文件: git_history_server.py

import asyncio                     # 异步 IO 模块，用于事件循环
import json                     # JSON 模块，用于数据序列化和反序列化
import sys                      # 系统交互模块，用于错误输出和退出
from pathlib import Path                 # Path 类，便于文件路径操作
from mcp.server import Server                # MCP Server 类，用于创建服务器
from mcp.types import Tool                 # MCP Tool 类型，用于定义工具元信息

# 导入 git 库，如果没有安装会提示用户安装
try:
    import git                      # GitPython 库，用于操作 Git 仓库
except ImportError:
    print(" 错误: 需要安装 GitPython 库 ", file=sys.stderr)
    print(" 请运行: pip install GitPython", file=sys.stderr)
    sys.exit(1)                     # 缺少依赖直接退出程序

# 创建服务器实例，命名为“git-history”
app = Server("git-history")

@app.list_tools()                    # 注册 list_tools 方法，列出可用工具
async def list_tools() -> list[Tool]:
    """ 返回可用的工具列表 """
    return [
```

```
    Tool(
      name="get_file_history",          # 工具名称
      description=" 获取文件的 Git 提交历史 ",   # 工具说明
      inputSchema={                     # 输入参数的 JSON Schema 定义
        "type": "object",
        "properties": {
          "file_path": {            # 参数 file_path： 要分析的文件路径
            "type": "string",
            "description": " 要查询 Git 历史的文件路径 "
          },
          "max_count": {            # 参数 max_count： 返回的最大提交数
            "type": "integer",
            "description": " 最大返回提交数量（默认 5）",
            "default": 5,
            "minimum": 1,
            "maximum": 50
          }
        },
        "required": ["file_path"]       # file_path 为必填
      }
    )
  ]

@app.call_tool()                        # 注册 call_tool 方法，处理工具调用
async def call_tool(name: str, arguments: dict) -> str:
  """ 处理工具调用 """
  if name == "get_file_history":            # 调用 get_file_history 工具
    file_path = arguments["file_path"]
    max_count = arguments.get("max_count", 5)
    return await get_file_history(file_path, max_count)
  else:
    raise ValueError(f"Unknown tool: {name}") # 未知工具抛出异常

async def get_file_history(file_path: str, max_count: int = 5) -> str:
  """ 获取文件的 Git 提交历史 """
```

```
try:
    # 检查文件是否存在
    path = Path(file_path)
    if not path.exists():
        return json.dumps({
            "error": f" 文件不存在 : {file_path}",
            "status": "file_not_found"
        }, ensure_ascii=False, indent=2)

    # 尝试找到 Git 仓库
    try:
        repo = git.Repo(search_parent_directories=True) # 向上查找 Git 仓库根目录
    except git.InvalidGitRepositoryError:
        return json.dumps({
            "error": " 当前目录不在 Git 仓库中 ",
            "status": "not_git_repo"
        }, ensure_ascii=False, indent=2)

    # 获取文件的提交历史
    try:
        commits = list(repo.iter_commits(paths=file_path, max_count=max_count))

        if not commits:
            return json.dumps({
                "file_path": file_path,
                "commits": [],
                "message": " 该文件没有 Git 提交历史 ",
                "status": "no_history"
            }, ensure_ascii=False, indent=2)

        # 格式化提交信息
        commit_history = []
        for commit in commits:
            commit_info = {
                "hash": commit.hexsha,          # 完整提交哈希
```

```
          "short_hash": commit.hexsha[:8],       # 短哈希（前 8 位）
          "message": commit.message.strip(),     # 提交信息
          "author": {                    # 作者信息
            "name": commit.author.name,
            "email": commit.author.email
          },
          "date": commit.committed_datetime.isoformat(), # 提交日期
          "files_changed": len(commit.stats.files)    # 修改文件数
        }
        commit_history.append(commit_info)

      return json.dumps({
        "file_path": file_path,
        "repository_root": repo.working_dir,      # 仓库根目录路径
        "total_commits": len(commits),           # 总提交数（受 max_count 限制）
        "commits": commit_history,              # 提交历史详细信息
        "status": "success"
      }, ensure_ascii=False, indent=2)

    except git.GitCommandError as e:             # Git 命令执行失败
      return json.dumps({
        "error": f"Git 命令执行失败：{str(e)}",
        "status": "git_error"
      }, ensure_ascii=False, indent=2)

  except Exception as e:                    # 其他运行时错误
    return json.dumps({
      "error": f" 获取文件历史时出错：{str(e)}",
      "status": "error"
    }, ensure_ascii=False, indent=2)

async def main():
  """ 启动服务器 """
  from mcp.server.stdio import stdio_server           # 使用 stdio 通信
```

```
    print("Git 历史分析服务器正在启动 ...", file=sys.stderr)

    async with stdio_server() as (read_stream, write_stream):
        await app.run(
            read_stream,                    # 输入流
            write_stream,                   # 输出流
            app.create_initialization_options()        # 初始化选项
        )

if __name__ == "__main__":
    asyncio.run(main())                     # 启动主事件循环
```

9.4 开发 MCP Client（VS Code 插件）

插件作为 Client，将 VS Code 与 MCP Server 连接起来。在这里使用 VS Code 的扩展 API，注册一个命令“MCP: Analyze Code”，在执行时同时调用两个 Server，如图 9-2 所示。

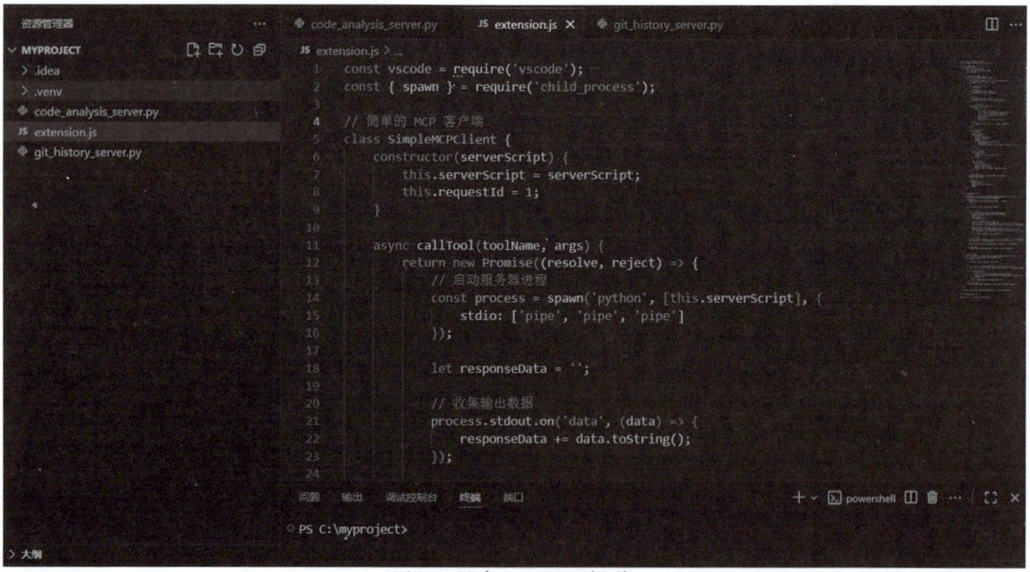

图9-2 开发VS Code插件

实现代码示例：

```
js 文件：extension.js

// 引入 VSCode 插件 API
// vscode 模块提供了与 VSCode 编辑器交互的各种方法，例如注册命令、显示消息、打开
文档等
const vscode = require('vscode');

// 引入 child_process.spawn，用于启动 Python MCP 服务器进程
// spawn 方法允许我们以子进程的形式执行其他程序，并通过管道 (stdin/stdout/stderr)
与之通信
const { spawn } = require('child_process');

// ================================
// 简单的 MCP 客户端类
// 用于通过 JSON-RPC 协议与 MCP Python Server 进行交互
// ================================
class SimpleMCPClient {
  constructor(serverScript) {
    // serverScript 是 MCP Server 的脚本文件名，例如 'code_analysis_server.py'
    this.serverScript = serverScript;

    // JSON-RPC 请求 ID，用于标识请求和响应的对应关系
    // 每次请求 ID 自增，防止冲突
    this.requestId = 1;
  }

  /**
   * 调用 MCP 工具
   * @param {string} toolName 工具名称（在 Python 端注册的工具名）
   * @param {object} args 调用工具时的参数
   * @returns {Promise<object>} 工具执行结果（JSON 格式）
   */
  async callTool(toolName, args) {
    return new Promise((resolve, reject) => {
```

```
// 拼接服务器脚本的绝对路径
const serverPath = require('path').join(__dirname, this.serverScript);

// 确定 Python 解释器路径：
// - Windows 上使用虚拟环境里的 python.exe
// - 其他系统默认使用 'python' 命令
const pythonPath = process.platform === 'win32' ?
  require('path').join(__dirname, '.venv', 'Scripts', 'python.exe') :
  'python';

console.log(`启动服务器：${pythonPath} ${serverPath}`);

// 启动 Python MCP Server
// stdio: ['pipe','pipe','pipe'] 表示：
// - stdin（输入）管道，用于向服务器发送消息
// - stdout（输出）管道，用于接收服务器返回的消息
// - stderr（错误输出）管道，用于接收服务器的错误信息
const childProcess = spawn(pythonPath, [serverPath], {
  stdio: ['pipe', 'pipe', 'pipe'],
  cwd: __dirname // 设置工作目录为当前扩展所在目录
});

let responseData = ''; // 存储 MCP Server 的标准输出（可能包含 JSON 响应）
let errorData = '';   // 存储 MCP Server 的错误输出（调试时很重要）

// 监听子进程的 stdout 数据事件
// 这里可能会多次触发，所以我们用 += 拼接数据
childProcess.stdout.on('data', (data) => {
  responseData += data.toString();
});

// 监听子进程的 stderr 数据事件
childProcess.stderr.on('data', (data) => {
  errorData += data.toString();
  console.error('服务器错误：', data.toString()); // 立即打印错误
```

```
    });

    // 监听子进程退出事件
    childProcess.on('close', (code) => {
      console.log(` 服务器退出码 : ${code}`);
      console.log(` 标准输出 : ${responseData}`);
      console.log(` 错误输出 : ${errorData}`);

      if (code === 0) { // 正常退出
        try {
          // MCP Server 可能会输出多行，我们取最后一行作为 JSON 响应
          const lines = responseData.trim().split('\n');
          const lastLine = lines[lines.length - 1];
          const result = JSON.parse(lastLine); // 尝试解析 JSON
          resolve(result); // 返回解析后的对象
        } catch (error) {
            reject(new Error(` 解 析 结 果 失 败 : ${error.message}\n 输 出 :
${responseData}`));
        }
      } else {
        // 如果退出码不为 0，则认为执行失败
        reject(new Error(` 服务器退出，代码 : ${code}\n 错误 : ${errorData}\n 输出 :
${responseData}`));
      }
    });

    // ==============================
    // 构造并发送 MCP 消息序列
    // MCP 基于 JSON-RPC 协议，所以每个消息都是 JSON 对象
    // ==============================
    const messages = [
      // 1. 初始化请求（客户端告诉服务端自己的能力）
      JSON.stringify({
        jsonrpc: "2.0",
        id: this.requestId++,
```

```
      method: "initialize",
      params: {
        protocolVersion: "2024-11-05",
        capabilities: {},
        clientInfo: { name: "vscode-simple", version: "1.0.0" }
      }
    }) + '\n',

    // 2. 初始化完成通知（客户端通知服务端可以开始工作了）
    JSON.stringify({
      jsonrpc: "2.0",
      method: "notifications/initialized",
      params: {}
    }) + '\n',

    // 3. 工具调用请求（调用指定的工具）
    JSON.stringify({
      jsonrpc: "2.0",
      id: this.requestId++,
      method: "tools/call",
      params: { name: toolName, arguments: args }
    }) + '\n'
  ];

  // 将消息依次写入 MCP Server 的 stdin
  messages.forEach(msg => childProcess.stdin.write(msg));

  // 告诉 MCP Server 我们的输入已经发送完毕
  childProcess.stdin.end();

  // 超时处理（防止服务器挂死导致 VSCode 卡住）
  setTimeout(() => {
    childProcess.kill(); // 杀掉子进程
    reject(new Error('请求超时'));
  }, 10000); // 10 秒超时
```

```
    });
  }
}

// ==========================================
// VSCode 插件激活函数
// 所有命令注册和初始化逻辑都在这里执行
// ==========================================
function activate(context) {
  /**
   * 命令 1：代码分析（同时调用 AST 分析和 Git 历史工具）
   */
   let analyzeDisposable = vscode.commands.registerCommand('mcp.
analyzeCode', async () => {
    const editor = vscode.window.activeTextEditor;
    if (!editor) {
      vscode.window.showWarningMessage('请先打开一个文件');
      return;
    }

    const filePath = editor.document.uri.fsPath;

    try {
      // 使用进度提示，避免用户等待时无反馈
      const result = await vscode.window.withProgress({
        location: vscode.ProgressLocation.Notification,
        title: "分析中...",
        cancellable: false
      }, async (progress) => {
        // 进度 1：AST 分析
        progress.report({ message: "分析 AST..." });
        const astClient = new SimpleMCPClient('code_analysis_server.py');
            const astResult = await astClient.callTool('analyze_ast', { file_path:
filePath });
```

```
    // 进度 2：获取 Git 历史
    progress.report({ message: " 获取 Git 历史 ..." });
    const gitClient = new SimpleMCPClient('git_history_server.py');
      const gitResult = await gitClient.callTool('get_file_history', { file_path:
filePath });

    return { ast: astResult, git: gitResult };
  });

  // 输出到调试控制台
  console.log('AST 结果：', result.ast);
  console.log('Git 结果：', result.git);

  // 默认状态信息
  let astStatus = '❌ AST 分析失败 ';
  let gitStatus = '⚠ Git 历史获取失败 ';

  // 检查 AST 返回内容
  if (result.ast && result.ast.result && result.ast.result.content) {
    try {
      const astData = JSON.parse(result.ast.result.content);
      if (astData.status === 'success') {
        astStatus = '✔ AST 分析完成 ';
      } else {
        astStatus = `❌ AST 分析失败：${astData.error}`;
      }
    } catch {
      astStatus = '✔ AST 分析完成 ';
    }
  }

  // 检查 Git 历史返回内容
  if (result.git && result.git.result && result.git.result.content) {
    try {
      const gitData = JSON.parse(result.git.result.content);
```

```
        if (gitData.status === 'success') {
          const commitCount = gitData.total_commits || 0;
          gitStatus = `📋 找到 ${commitCount} 个相关提交 `;
        } else {
          gitStatus = `⚠     Git: ${gitData.error || gitData.message}`;
        }
      } catch {
        gitStatus = '📋 Git 历史获取完成 ';
      }
    }

    // 弹窗显示结果
    vscode.window.showInformationMessage(`${astStatus} | ${gitStatus}`);

  } catch (error) {
    vscode.window.showErrorMessage(` 分析失败 : ${error.message}`);
  }
});

/**
 * 命令 2： 显示详细分析结果
 * 会将返回的 JSON 结果格式化后在新标签页中展示
 */
let detailsDisposable = vscode.commands.registerCommand('mcp.
showDetails', async () => {
  const editor = vscode.window.activeTextEditor;
  if (!editor) {
    vscode.window.showWarningMessage(' 请先打开一个文件 ');
    return;
  }
  const filePath = editor.document.uri.fsPath;

  try {
    vscode.window.showInformationMessage(' 获取详细结果中 ...');
    const client = new SimpleMCPClient('code_analysis_server.py');
```

```
      const response = await client.callTool('analyze_ast', { file_path: filePath });

      console.log(' 详细结果响应：', response);
      let displayContent = '';

      if (response && response.result && response.result.content) {
        try {
          const contentObj = JSON.parse(response.result.content);
          displayContent = JSON.stringify(contentObj, null, 2);
        } catch {
          displayContent = response.result.content;
        }
      } else {
        displayContent = JSON.stringify(response, null, 2);
      }

      const doc = await vscode.workspace.openTextDocument({
        content: displayContent,
        language: 'json'
      });
      await vscode.window.showTextDocument(doc);

    } catch (error) {
      console.error(' 获取详情错误：', error);
      vscode.window.showErrorMessage(` 获取详情失败：${error.message}`);
    }
  });

  /**
   * 命令 3：调试模式
   * 会输出 MCP 请求与响应的原始内容，方便排查问题
   */
   let debugDisposable = vscode.commands.registerCommand('mcp.debug',
async () => {
    const editor = vscode.window.activeTextEditor;
```

```
    if (!editor) {
      vscode.window.showWarningMessage('请先打开一个文件');
      return;
    }
    const filePath = editor.document.uri.fsPath;

    try {
      vscode.window.showInformationMessage('开始调试测试...');
      const client = new SimpleMCPClient('code_analysis_server.py');
      const response = await client.callTool('analyze_ast', { file_path: filePath });

      const debugInfo = {
        timestamp: new Date().toISOString(),
        filePath: filePath,
        response: response,
        responseType: typeof response,
        responseKeys: response ? Object.keys(response) : null
      };

      const debugContent = `调试信息 - ${new Date().toLocaleString()}
========================================
文件路径: ${filePath}
响应类型: ${typeof response}
响应键: ${response ? Object.keys(response).join(', ') : 'null'}
完整响应:
${JSON.stringify(response, null, 2)}
调试对象:
${JSON.stringify(debugInfo, null, 2)}
`;

      const doc = await vscode.workspace.openTextDocument({
        content: debugContent,
        language: 'text'
      });
      await vscode.window.showTextDocument(doc);
```

```
    } catch (error) {
      const errorContent = `调试错误 - ${new Date().toLocaleString()}
==========================================
文件路径 : ${filePath}
错误消息 : ${error.message}
错误堆栈 :
${error.stack}
`;

      const doc = await vscode.workspace.openTextDocument({
        content: errorContent,
        language: 'text'
      });
      await vscode.window.showTextDocument(doc);
    }
  });

  // 将命令注册到 VSCode 插件上下文
  // 这样在插件卸载时，命令也会自动释放
  context.subscriptions.push(analyzeDisposable, detailsDisposable,
debugDisposable);
}

// 插件停用时执行的函数
// 这里通常用于清理资源、关闭连接等
function deactivate() {}

// 导出插件入口和停用函数
module.exports = { activate, deactivate };
```

同时在根目录下，需要创建一个配置文件，命名为“package.json”，如图 9-3 所示。

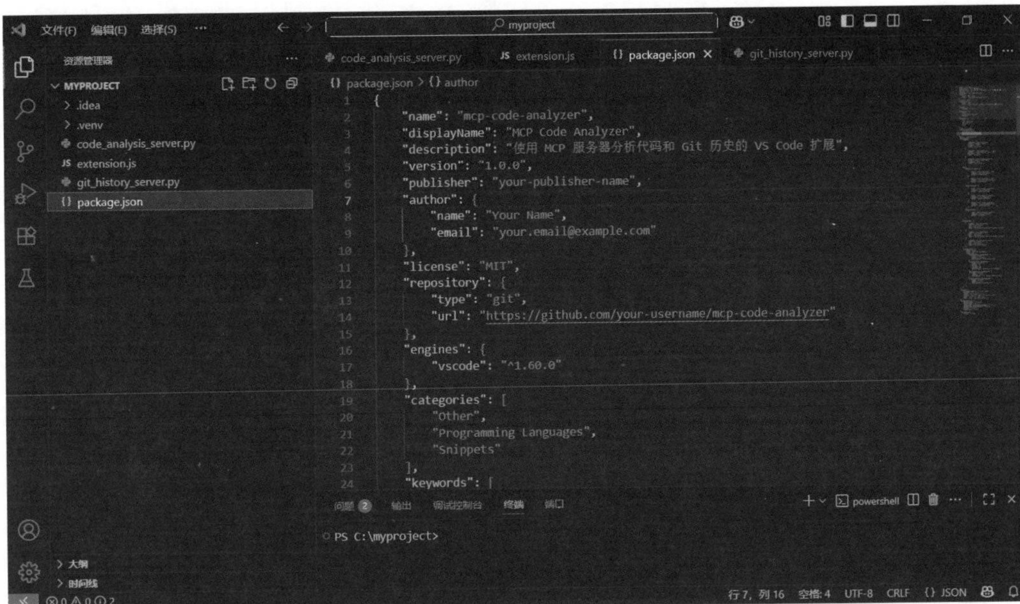

图9-3 配置文件

配置文件代码示例：

```
json 文件：package.json

{
  // 插件内部名称（唯一 ID）
  "name": "mcp-code-analyzer",

  // VSCode 插件市场显示的名称
  "displayName": "MCP Code Analyzer",

  // 插件描述
  "description": " 使用 MCP 服务器分析代码和 Git 历史 ",

  // 插件版本
  "version": "1.0.0",

  // VSCode 版本要求
  "engines": {
```

```
  "vscode": "^1.60.0"
},

//插件分类（在 VSCode 扩展视图中用于筛选）
"categories": [
  "Other"
],

//激活事件：
//当用户调用指定命令时才会加载插件，提高性能
"activationEvents": [
  "onCommand:mcp.analyzeCode",
  "onCommand:mcp.showDetails",
  "onCommand:mcp.debug"
],

//插件入口文件
"main": "./extension.js",

//插件功能声明
"contributes": {
  //命令注册
  "commands": [
    {
      "command": "mcp.analyzeCode",        //命令唯一 ID
      "title": "分析代码 (MCP)",           //命令显示名称
      "category": "MCP"                    //命令分组
    },
    {
      "command": "mcp.showDetails",
      "title": "显示详细分析结果 (MCP)",
      "category": "MCP"
    },
    {
      "command": "mcp.debug",
```

```
        "title": " 调试 MCP 连接 (MCP)",
        "category": "MCP"
      }
    ],

    // 在编辑器右键菜单添加命令
    "menus": {
      "editor/context": [
        {
          "when": "resourceExtname == .py",  // 仅对 Python 文件生效
          "command": "mcp.analyzeCode",
          "group": "navigation"
        }
      ]
    },

    // 快捷键绑定
    "keybindings": [
      {
        "command": "mcp.analyzeCode",
        "key": "ctrl+alt+a",              // Windows/Linux 快捷键
        "mac": "cmd+alt+a",               // macOS 快捷键
        "when": "editorTextFocus"          // 仅在编辑器有焦点时可用
      }
    ]
  }
}
```

9.5 测试与验证

接下来，将按照以下步骤测试验证案例。

步骤 1：启动两个 MCP 服务器。

打开两个独立的 PowerShell 窗口，第一个窗口中启动代码分析服务器，代码示例如下：

```bash
# 进入项目目录
cd C:\myproject

# 激活虚拟环境（Windows PowerShell）
.venv\Scripts\activate

# 启动代码分析服务器
python code_analysis_server.py  # 运行 Python 脚本，启动 MCP 代码分析服务
```

正常运行后，这个窗口会保持运行状态，如图 9-4 所示。

图9-4 服务启动（1）

随后，在第二个窗口启动 Git 历史服务器，代码示例如下：

```bash
# 进入项目目录
cd C:\myproject

# 激活虚拟环境（Windows PowerShell）
.venv\Scripts\activate

# 启动 Git 历史服务器
python git_history_server.py  # 运行 Python 脚本，启动 MCP Git 历史分析服务
```

当在第二个窗口看到“Git 历史分析服务器正在启动 ...”后，这个窗口也会保持运行状态，如图 9-5 所示。

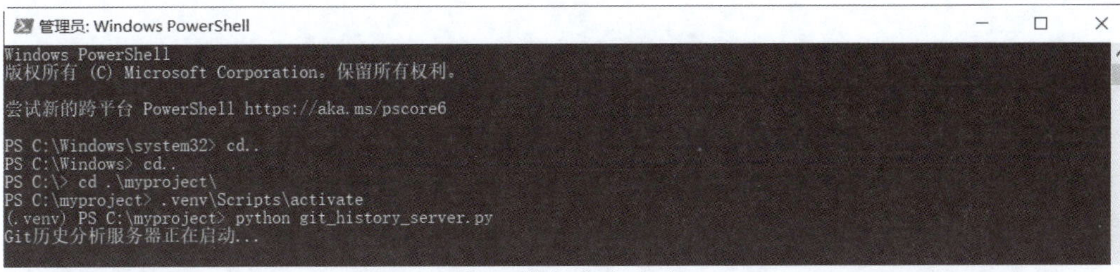

图9-5 服务启动（2）

Tips

这两个窗口需要一直保持打开状态，不要关闭。

步骤 2：在 VS Code 中加载插件（开发模式）。

在第三个窗口中输入以下代码：

```bash
# 进入项目目录
cd C:\myproject

# 用 VS Code 打开项目
code . # 在当前目录启动 Visual Studio Code 并打开项目
```

在这里需要注意确保文件结构正确：extension.js（插件主文件）、package.json（插件配置）、两个服务器文件，如图 9-6 所示。

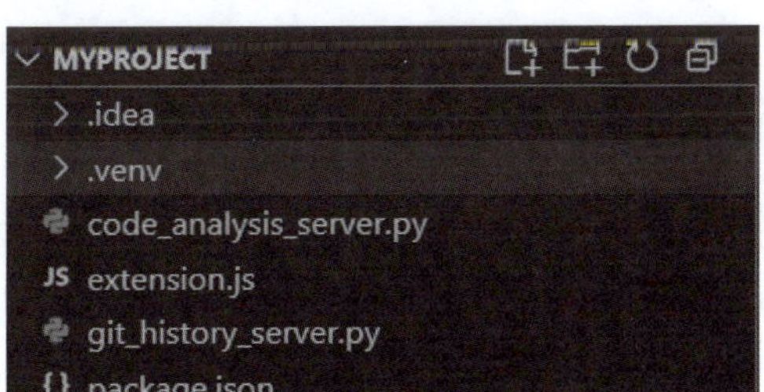

图9-6 文件目录

按 F5 键启动扩展开发宿主后，VS Code 会打开一个新窗口，新窗口标题显示 [扩展开发宿主]，如图 9-7 所示，这表示插件已经加载到新窗口中。

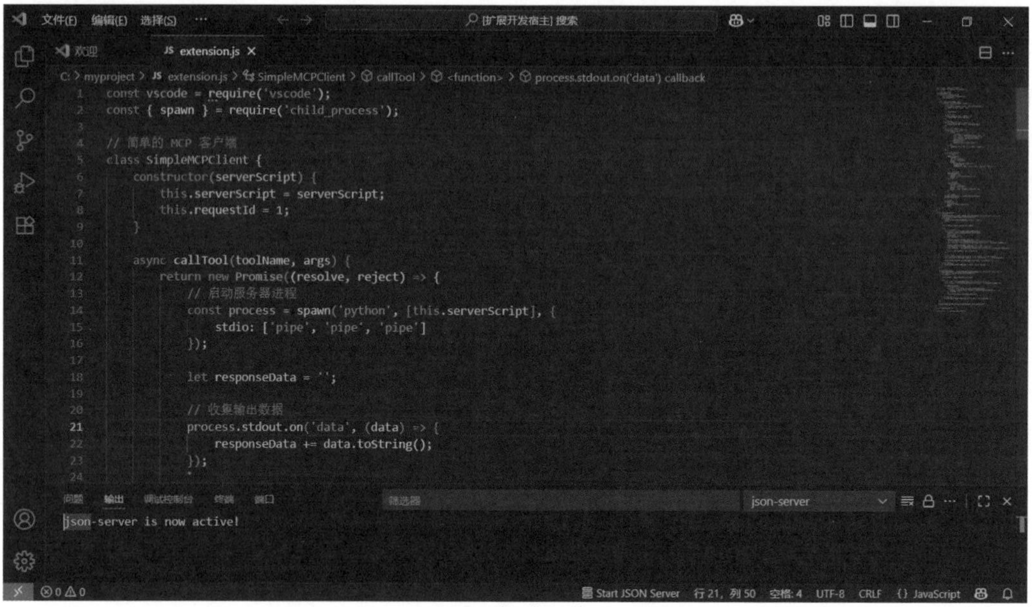

图9-7 插件加载

步骤 3：打开任意 Python 文件。

在扩展开发宿主窗口中（不是原来的窗口）创建新文件，使用“Ctrl+N”快捷键创建新文件，使用“Ctrl+S”保存；文件名输入 test.py；最后，输入下面 Python 代码：

```python
def hello_world():
    """ 测试函数 """
    print("Hello, World!")          # 在控制台输出“Hello, World!”
    return "success"               # 返回字符串 "success" 作为函数执行结果

if __name__ == "__main__":          # 判断是否直接运行该文件
    result = hello_world()          # 调用 hello_world() 函数并接收返回值
    print(f"Result: {result}")      # 输出函数的返回结果
```

步骤 4：执行命令 MCP: Analyze Code。

在扩展开发宿主窗口中使用命令面板，使用“Ctrl+Shift+P”快捷键打开命令面板；输入“mcp”或“analyze”后，选择“MCP：分析代码 (MCP)”；按回车键执行该命令。

步骤 5：查看弹窗中的分析结果。

执行命令后，将会看到弹出进度条显示“分析中 ...”，随后会依次显示：“分析 AST...”“获取 Git 历史 ...”

分析完成后，若分析成功，则会显示分析完成提示，如图 9-8 所示。若分析失败，则会显示具体错误信息。

图9-8 测试成功

小 结

为了让智能编程助手更实用，建议从以下方面进行优化。

- 在 Server 端实现基于 Token 的鉴权，防止未经授权访问。
- 将 AST 结果缓存至 Redis，在文件无变更时直接返回缓存，以减少解析时间。
- 在 VS Code 侧边栏展示结果，支持点击跳转至具体代码行。
- 扩展多语言支持，让同一套 Server 可解析 JavaScript、Java 等项目。

本节案例验证了 MCP 在智能编程助手场景下的强大能力。它不仅突破了单文件上下文限制，还能安全地聚合多源信息，并即时反馈给开发者。未来，只需替换 Server 的实现，就可以将这种模式推广到更多领域，例如企业知识管理、研发数据分析等。

后记

从第 9 章的智能编程助手案例，可以看到 MCP 的真正力量——它不仅能让工具在一个开发环境中高效协作，更能跨越语言、平台与数据源的边界，把零散的能力织成一张有机的网络。回望全书，从“上下文鸿沟”的痛点出发，经历了架构原理、三大角色协同、集成方式对比、开发与调试实践、安全设计，再到生态平台和真实案例，一步步构建出一个清晰的认知：在 AI 进入生产力核心的今天，连接比能力本身更重要。

MCP 的价值，就像 AI 世界的 USB-C 接口。它不追求替代一切，而是让不同的智能体、模型与工具“说同一种语言”，让能力即插即用、按需组合、持续演化。对于开发者，它降低了跨系统调用的技术门槛；对于企业，它打通了部门与数据孤岛；对于整个行业，它提供了一个可持续生长的生态基底。

但 MCP 并不是终点，而是起点。真正的机会，在于如何将这种标准化连接延伸到更广阔的业务场景——让制造业的生产调度系统与 AI 预测模型无缝互动，让金融风控平台实时调用多数据源分析引擎，让教育平台在秒级响应中整合知识库与个性化教学助手。每一次连接，都是一次生产力的升级。

技术的发展往往遵循“从创新到标准，从标准到生态”的路径。MCP 已经完成了从理念到标准的跨越，正在进入生态爆发的临界点。未来，更多的低代码可视化编排工具、跨域智能体协作机制、行业垂直化 MCP 服务市场将会出现，这意味着任何一个有想法的人，都可以用 MCP 搭建属于自己的智能系统，并把它分享、交易、变现。

因此，这本书不是一个终点，而是一个邀请。邀请你去发现身边那些被割裂的系统和流程，邀请你用 MCP 将它们连接起来，邀请你成为推动“智能互联”时代的实践者。MCP 让我们看到了一个未来：不论工具多么多样，能力多么分散，只要有标准的连接器，它们就能汇聚成一个更强大的整体。而你，就是这个整体的重要一环。